陪 伴 女 性 终 身 成 长

减糖家常菜

紫安、快读慢活编辑部　编著

江西科学技术出版社
2021年·南昌

目 录

PART 1 减糖饮食的基础知识

PART 2 减糖早餐

传统早餐

创意早餐

减糖小菜

PART 3 减糖午餐

减糖主菜

减糖副菜

减糖副菜

PART 5 减糖甜点、饮品

减糖甜点

减糖饮品

本书说明

- 本书中 1 小勺为 5ml，1 大勺为 15ml。
- 在没有特别说明的情况下，烹饪火力均为中火。
- 本书的食谱中，洗菜、削皮、去蒂等步骤均被省略。
- 本书中计算出的含糖量为一餐的大致数值。食材为 1~2 人份时按 2 人份计算，2~3 人份时按 3 人份计算，以此类推。
- 正在接受治疗、服药或接受饮食指导的读者，请在主治医师的指导下进行减糖。

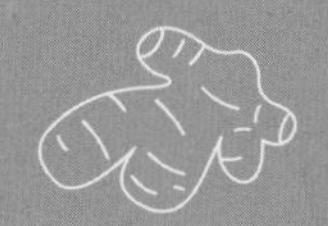

Part 1

减糖饮食的基础知识

饮食习惯与身体健康息息相关

近年来，人们的生活水平日益提高，餐桌上的饭菜也越来越丰富。不仅如此，随处可见的便利超市和可以送货上门的各种购物平台，为我们提供了更加丰富的食材以及各类零食、饮料等。中国人的饮食习惯一直以米饭、面食作为主食，再搭配肉类、蔬菜等。但现代人生活节奏快，精神压力大，通常会摄入过多的主食、零食等，相反，优质的肉类及新鲜的蔬菜摄入较少，膳食结构不合理，导致营养不良或一些生活习惯病的出现。

2020年12月，《中国居民营养与慢性病状况报告》发布，该报告主要显示了以下四个问题：

1. 我国居民慢性病死亡比例持续增加。
2. 不健康的生活方式普遍存在。
3. 超重、肥胖问题不断凸显。
4. 慢性病患发病率呈上升趋势。

其中，肥胖问题以及慢性病患发病问题不容忽略。该报告显示，我国18岁及以上居民男性和女性的平均体重与2015年发布的结果相比，分别增加3.4kg和1.7kg。城乡各年龄段居民超重率和肥胖率继续上升，有超过50%的成年居民超重或肥胖，18岁及以上居民超重率和肥胖率分别为34.3%和16.4%。6~17岁、6岁以下儿童青少年超重率和肥胖率分别达到

19% 和 10.4%，而且呈现出上升速度较快、流行水平较高、全人群均受影响的发展趋势。另外，我国 18 岁及以上居民高血压患病率为 27.5%，糖尿病患病率为 11.9%，高胆固醇血症患病率为 8.2%。与此同时，我国居民膳食结构不合理问题突出，以及儿童和青少年经常饮用含糖饮料问题已经凸显。

从报告结果来看，我国居民存在膳食结构不合理、特定人群微量营养素缺乏、超重和肥胖人群持续增长等一些突出的营养问题，其中值得注意的是儿童和青少年经常饮用含糖饮料以及糖尿病患病率增长的问题。

这一切都和“糖”的过量摄入有关。

糖——甜蜜的陷阱

糖能轻易给人带来甜蜜和快乐，蛋糕、点心、甜饮料等一直深受全世界人们的喜爱。奶茶等甜饮料更是在我国年轻人中成为流行的“网红”饮品。但随之而来的问题就是由于摄入了过多的糖，导致近年来年轻人肥胖率和糖尿病患病率持续走高，并且肥胖人群和患病人群趋于年轻化。其实除了蛋糕、点心等能尝到明显甜味的食物中含有糖以外，面条、米饭等主食和各种水果、蔬菜，甚至一些没有甜味的食物中都含有糖。

我们常说的糖指的是碳水化合物，其中单糖主要有葡萄糖、半乳糖、果糖等，而双糖主要有乳糖、蔗糖和麦芽糖等。机体中碳水化合物的存在形式主要有三种：葡萄糖、糖原和含糖的复合物。大脑、神经系统和红细胞几乎完全依赖血液中的葡萄糖来供应能量，因此，人体离不开葡萄糖。葡萄糖可以来自于淀粉类食物（如谷物、豆类、薯类）和水果等，也可以来自于糖果、饼干、蛋糕、甜饮料等甜食，而甜食的营养价值更低，过多摄入更容易引起健康问题。

很多人应该都有过这样的感受，情绪低落的时候，吃点甜的东西，就能让心情变好。但这种饮食习惯一旦养成，人就会越来越依赖于甜食，不仅皮肤状态会变差，而且会越来越胖。更令人担忧的是，当你意识到自己吃了太多甜食时，想要戒掉却十分困难，那是因为身体早已经对“糖”产生了依赖。

高糖食物很容易让人上瘾，当血糖值下降后内心的满足感和幸福感会逐渐减弱，只能依靠补充更多的糖来满足自己，从而陷入“甜蜜”的恶性循环。而这也是超重或肥胖，以及诱发糖尿病、心脑血管疾病、痛风、抑郁症等疾病的一大原因。

2019 年，国家卫生健康委员会办公厅印发的《健康口腔行动方案（2019—2025 年）》中提出，要开展“减糖”专项行动，结合健康校园建设，中小学及托幼机构限制销售高糖饮料和零食，食堂减少含糖饮料和高糖食品的供应。而启动“减糖”专项行动的背后是近年来我国居民对糖的消耗量居高不下，糖类摄入过量的危害没有得到普通大众的充分重视。

世界卫生组织曾调查了 23 个国家居民的死亡原因，得出的结论是嗜糖的危害比吸烟更可怕。这项调查还显示，长期摄入高糖食物的人，平均寿命要比正常饮食的人缩短 10 至 20 年。除此之外，世界卫生组织还曾在《成人和儿童糖摄入量指南》中提出，建议将添加糖限制在每日摄入总能量的 5%以下，也就是每日不超过 25g。我国也在《健康中国行动（2019—2030 年）》中提倡人均每日添加糖摄入量不高于 25g。而 2019 年 10 月，新加坡已全面禁止高糖饮料广告，成为全球首个禁止高糖饮料广告的国家。

Note !

添加糖是指在食品生产和制备过程中被添加到食品中的糖或糖浆。常见的添加糖包括白砂糖、红糖、玉米糖浆、高果糖玉米糖浆、糖蜜、蜂蜜、浓缩果汁等。

日常生活中的“高糖炸弹”

以下的方糖，均按照 1 块方糖含糖量约为 4.5g 计算，且均保留至小数点后一位。

零 食

牛奶巧克力
3 块 42g

含糖量 **24g**
约为 **5.3** 块方糖

果冻
1 个 200g

含糖量 **23.2g**
约为 **5.2** 块方糖

饼干
3 块 36g

含糖量 **18g**
约为 **4.0** 块方糖

辣条
1 包 112g

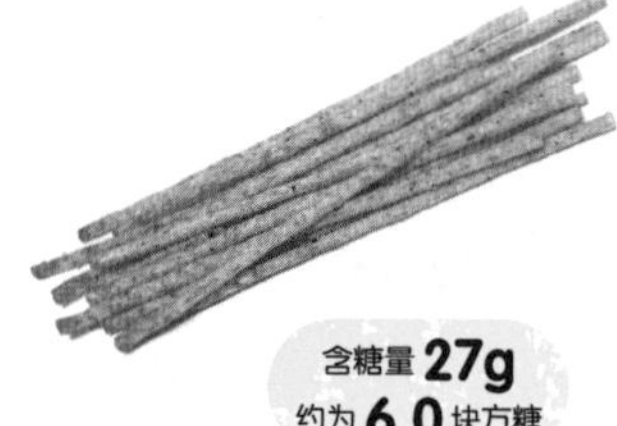

含糖量 **27g**
约为 **6.0** 块方糖

绿豆糕
4 块 100g

含糖量 **27g**
约为 **6.0** 块方糖

薯片
1 袋 60g

含糖量 **30.3g**
约为 **6.7** 块方糖

饮 料

可乐
1 瓶 500ml

含糖量 **48.2g**
约为 **10.7** 块方糖

酸奶
1 杯 100ml

含糖量 **16g**
约为 **3.6** 块方糖

全糖奶茶
1 杯 500ml

含糖量 **60g**
约为 **13.3** 块方糖

主 食

米饭
1 碗 150g

含糖量 **38.4g**
约为 **8.5** 块方糖

切片吐司
1 片 35g

含糖量 **20.3g**
约为 **4.5** 块方糖

荞麦面
100g

含糖量 **70.2g**
约为 **15.6** 块方糖

意大利面
煮前 80g

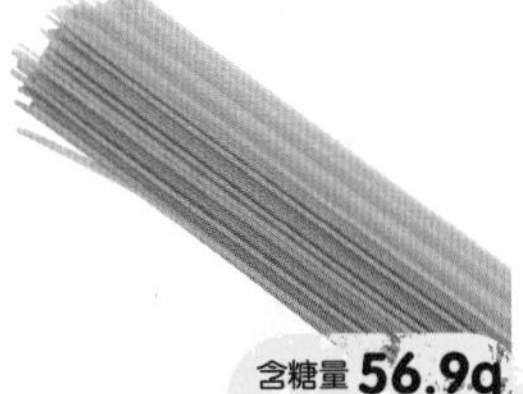

含糖量 **56.9g**
约为 **12.6** 块方糖

馒头
100g

含糖量 **45.7g**
约为 **10.2** 块方糖

方便面
1 块 80g

含糖量 **45.7g**
约为 **10.2** 块方糖

薯 类

土豆
150g

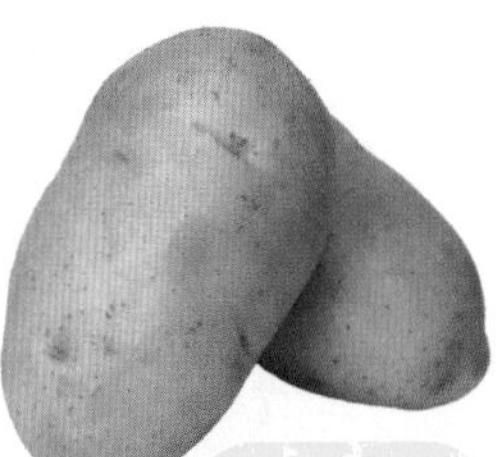

含糖量 **25.1g**
约为 **5.6** 块方糖

紫薯
150g

含糖量 **24.4g**
约为 **5.4** 块方糖

红薯
200g

含糖量 **30.6g**
约为 **6.8** 块方糖

蔬菜

南瓜
100g

含糖量 4.5g
约为 1.0 块方糖

洋葱
100g

含糖量 8.1g
约为 1.8 块方糖

胡萝卜
100g

含糖量 8.1g
约为 1.8 块方糖

山药
100g

含糖量 11.6g
约为 2.6 块方糖

调料

白砂糖
1 大勺 9g

含糖量 8.9g
约为 2.0 块方糖

蚝油
1 大勺 18g

含糖量 2.5g
约为 0.6 块方糖

胡椒粉
1 大勺 6g

含糖量 4.5g
约为 1.0 块方糖

千岛沙拉酱
1 大勺 18g

含糖量 3.6g
约为 0.8 块方糖

* 本书食谱中胡椒粉的用量较少，每道菜品的用量不足 0.1g。

水果

石榴
100g

含糖量 13.7g
约为 3.0 块方糖

樱桃
100g

含糖量 9.9g
约为 2.2 块方糖

香蕉
100g

含糖量 20.8g
约为 4.6 块方糖

菠萝蜜
100g

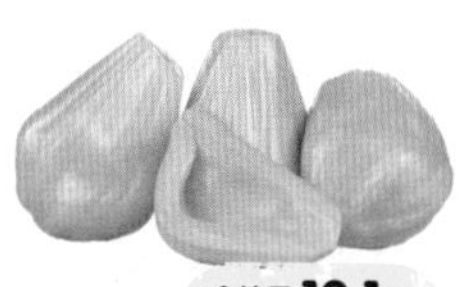

含糖量 19.1g
约为 4.2 块方糖

鲜枣
100g

含糖量 28.6g
约为 6.4 块方糖

榴莲
100g

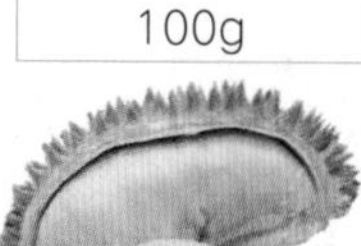

含糖量 23.3g
约为 5.2 块方糖

猕猴桃
100g

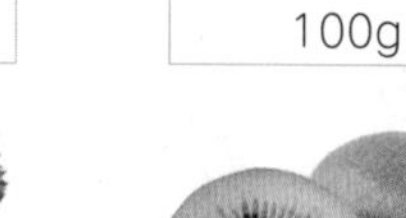

含糖量 11.9g
约为 2.6 块方糖

梨
200g

含糖量 21.0g
约为 4.7 块方糖

市售商品的营养成分表中，一般包括能量、蛋白质、脂肪、碳水化合物、钠等。一般来说，用碳水化合物含量减去膳食纤维含量，就能计算出该产品中的含糖量。虽然很多市售商品的营养成分表中并没有膳食纤维这一项，但是营养成分表依然可以作为参考，即碳水化合物含量越高，含糖量越高。

含糖量的计算方法

碳水化合物含量 - 膳食纤维含量 = 含糖量

食品标签	
营养成分	（每 100g）
能量	2402kJ
蛋白质	16.1g
脂肪	47.1g
碳水化合物	22.7g
膳食纤维	1.3g
钠	1760mg

Note！

推荐的代糖

糖醇类：木糖醇、山梨糖醇、麦芽糖醇、赤藓糖醇等。

非营养型甜味剂：三氯蔗糖、安赛蜜、阿斯巴甜等。

天然甜味剂：甜菊糖苷、罗汉果糖等。

本书中部分数据参考《中国食物成分表》（标准版第 6 版），含糖量按照上方公式计算得出，部分则来自市售商品营养成分表以及相关文献。

摄入过量糖的危害

引起肥胖

糖进入人体经过消化吸收后，一部分消耗用于供能，另一部分作为糖原储存在肌肉和肝脏中，除此之外，剩余的大部分糖会被人体转化为脂肪。另外，糖还能通过作用于神经系统而抑制饥饿感，促进我们进食，从而摄入更多的糖。

加速皮肤老化和身体衰老

血液中的糖会附着在蛋白质上，并产生糖基化终产物（AGEs），它们不仅会破坏胶原蛋白、弹力蛋白等蛋白纤维，导致皮肤出现皱纹或松弛下垂，还会使身体内的抗氧化酶失效，无法抵抗紫外线等的外部侵害。

精神状态萎靡、易犯困

糖会让你的心情短暂地变好，并充满能量，但当血糖值下降后，内心的满足感和幸福感会逐渐减弱，只能依靠补充更多的糖来满足自己。这就会让人陷入恶性循环，不断地想吃甜食。而且，糖类还会刺激血清素的产生，让人昏昏欲睡。

引起糖尿病等各种生活习惯病

研究发现，一个人每天只要多摄入由糖类转化而来的热量 150 卡，患糖尿病的风险就会高出 1.1%。如果已经是糖尿病患者，糖类带来的麻烦会更大，胰岛素抵抗会导致过多的糖留在血液里，严重损害人体机能，服药效果也会变差。

● 引起龋齿

我们的口腔中有很多细菌，如果经常摄入含糖量高的食物，这些细菌会将口腔中残留的糖类分解发酵，这个过程中会产生一定量的酸性物质，对我们的牙齿造成侵蚀。

● 罹患癌症的风险加大

血糖高的人更容易患上肝癌、乳腺癌等癌症。一项研究发现，血糖水平高的人，患上直肠癌的风险比正常人高出近两倍。

● 伤害肝脏

糖会加快肝脏细胞储存脂肪的速度，长期的高糖饮食会导致脂肪聚集在肝脏周围，诱发“非酒精脂肪肝”。

● 致使胆固醇紊乱

摄入过量的糖不仅会刺激肝脏不断产生坏胆固醇，还会抑制身体对坏胆固醇的代谢能力，导致体内的坏胆固醇水平和甘油三酯水平长期偏高。

● 增加血管压力

糖除了会扰乱胆固醇分泌外，还会导致血管收缩，增加血管压力。人体的冠状血管管壁特别薄，血压的突然变化可能会带来严重后果，甚至诱发心脏病。

减糖饮食的益处

健康减重

均衡摄入人体必需的营养元素，如摄入富含蛋白质的肉类、鱼类等，以及富含膳食纤维的蔬菜，就能轻松减脂，也不会因为减肥导致营养不良。

改善肌肤

蛋白质是肌肤之本，减糖饮食能维持肌肤正常的新陈代谢，改善皮肤粗糙和干燥，让肌肤水润有弹性。

延缓衰老

蛋白质有造血、修复破损血管的功能。通过减糖能呵护血液和血管，从身体内部延缓衰老。

改善发质

糖类摄入过多会导致头发易断、易掉落、无光泽，减糖并充分摄入蛋白质就能轻松消除这些烦恼。

改善食困

饭后犯困是由于血糖大幅波动，减糖饮食能让餐后血糖值平缓上升，从而缓解食困症状。

消除烦躁

减糖饮食能避免血糖忽高忽低，稳定的血糖能使人情绪减少波动。

● **消除疲劳**

减糖后因血糖稳定，就不易产生疲倦、嗜睡的情况，更容易保持充满活力的状态。

● **缓解压力**

减糖能保持情绪稳定，而平和的情绪可以让人更好地面对压力，打消内心的不安，让心情开朗起来。

● **预防糖尿病**

合理摄入糖类能避免餐后血糖骤升而消耗胰岛素，从而预防糖尿病。

● **提高睡眠质量**

充足的蛋白质摄入能平衡身体内的激素水平，提高睡眠质量，有效改善失眠。

● **预防动脉硬化**

平稳上升的血糖能降低破坏血管壁的风险，充足的蛋白质摄入能提升血管的修复能力，有利于预防动脉硬化。

从一日三餐，开启减糖饮食

可能有人会说："我不吃蛋糕，也不喝甜饮料，我就不会吃那么多糖了吧！"按照我国居民的烹饪习惯，白砂糖、冰糖、绵砂糖、蜂蜜等是烹饪过程中非常常见的调料，有着提鲜、去腥、去涩味、去苦味的作用。有些菜一旦加入糖，色香味就会提升不少，让人忍不住再多吃一碗米饭。这样一来，不仅从配菜、调料中摄入了糖，主食吃多了，糖的摄入量也就增加了。

中国疾病预防控制中心基于 2010—2012 年《中国居民营养与健康状况调查报告》的膳食数据，分析了 1.7 万人的消费特征发现，41% 的添加糖食物是在早餐时被食用的。那我们该如何控制糖类的摄入呢？

调整膳食结构是减糖的第一步，也是最重要的一步。

本书将为你提供165个能简单上手、一年四季都可以吃的减糖食谱，包含早餐、午餐、晚餐，以及减糖甜品和饮料等，内容丰富、老少咸宜。在进行减糖饮食之前，我们需要先了解一下减糖饮食的要点。

调整进餐的顺序

注意吃饭的顺序，先吃富含膳食纤维的蔬菜，增强饱腹感；再吃富含蛋白质的食物，为人体日常活动补充必要的能量；最后吃含碳水化合物（糖类）的食物，这样可以避免血糖值上升过快。

减糖的本质是为了抑制进餐后血糖值上升过快，但是单纯减少糖类的摄入量还不够，因为只要摄入了糖类，血糖值就会上升，只是程度高低的问题。

因此，抑制血糖值上升的另一个关键是摄入膳食纤维。如果在进餐开始时先吃含大量富含膳食纤维的食物，比如蔬菜和菌菇类，就能有效减缓之后从主食中摄入的糖所引起的血糖上升的速度。

总之，记住一个原则：每次进餐时，先吃膳食纤维含量高的食物，再吃其他食物。

如果中午需要在外就餐或者点外卖，请多点一些不同种类的菜品或者套餐。避免将面条、米饭、薯类等含糖量高的食物搭配在一起。去餐馆点菜，也要先选择蔬菜类、肉类和鱼类等，主食可以少点或者不点。

通常，餐馆的饭菜口味都比较重，选择时更要多加注意。点餐应以清淡为主，少点糖醋排骨、锅包肉、拔丝地瓜等含糖量过高的菜。

减糖不仅是为了减肥，更是为了拥有健康的身体和生活。

均衡饮食，保证人体必需五大营养素的摄入

蛋白质

蛋白质是生成肌肉、皮肤、血液等身体组织的基础，也是身体的重要能量源。减糖饮食一定要保证蛋白质的充足摄入。

碳水化合物

碳水化合物也叫“糖类”，是人类膳食能量的主要来源。但碳水化合物是一个大家族，分为简单碳水化合物和复杂碳水化合物两大类，前者又包括单糖和双糖，后者则包括寡糖和多糖。

脂肪

脂肪是细胞内良好的储能物质，主要作用：提供热能、保护内脏、维持体温、协助脂溶性维生素的吸收、参与机体各方面的代谢活动等。但摄入过多，很容易引起肥胖。

矿物质

矿物质在人体内的总量不及体重的5%，也不能提供能量，可是它们在体内不能自行合成，必须由外界环境供给，并且在人体组织的生理作用中发挥重要的功能，因此必须通过饮食加以补充。肉类、鱼类、海藻类等食材中含有丰富的矿物质。

维生素

维生素是人和动物为维持正常的生理功能而必须从食物中获得的一类微量有机物质，在人体生长、代谢、发育过程中发挥着重要的作用。

需要少吃的食物

减糖饮食期间可以在晚餐去掉主食，早餐、午餐正常吃。同时要注意，早餐、午餐也应尽量控制摄入含糖量过高食物的分量，比如以下这些：

- 主食类：白米饭、吐司面包、面条、玉米片等精加工主食。
- 薯芋类：土豆、红薯、紫薯、芋头等淀粉含量较高的薯芋类。
- 蔬菜类：胡萝卜、莲藕、南瓜、荸荠等。
- 水果类：香蕉、苹果、菠萝、西瓜、哈密瓜、梨、葡萄等含糖量较高的水果。
- 甜点类：蛋糕、饼干等含糖量过高的甜点。

● 可以多吃的食物

减糖饮食期间一定要多吃富含蛋白质、维生素、矿物质和脂类等营养元素的食物。

· 肉类：猪肉、牛肉、鸡肉等。

· 海产类：鱼类、贝类、海藻类等。

· 绿色、黄色蔬菜：卷心菜、生菜、菠菜、油菜、茼蒿、芹菜、白菜等。

· 菌菇类、蒟蒻类：香菇、杏鲍菇、口蘑、平菇、蟹味菇等；魔芋丝、魔芋块等。

· 大豆类及大豆制品：黄豆、毛豆、豆腐、豆奶等。

· 奶酪类、蛋类：切达奶酪、奶油奶酪、帕玛森奶酪等；鸡蛋、鸭蛋、鹌鹑蛋等。

· 水果类：草莓、蓝莓、树莓、牛油果、李子等。

· 坚果类：扁桃仁、腰果、开心果、南瓜子、核桃等。

多喝水，少喝饮料

每天摄入充足的水分，不仅能增强饱腹感，抑制食欲，还能维持正常的新陈代谢水平。女性一天应摄入不少于 2L 水，男性则不少于 3L。

除了水，应选择含糖量较低的饮品。市售果汁大多含有较多糖分，不推荐饮用。如果想喝蔬果汁，推荐自己制作。酿造酒类通常也含有大量糖分，比如啤酒、白酒、米酒、清酒、甜型葡萄酒等。如果实在想喝酒，或者参加聚会时不得不喝一些，可以饮用少量威士忌、白兰地、烧酒、金酒、伏特加等含糖量几乎为0的蒸馏酒，或是含糖量较低的干型葡萄酒。

谨慎选择调料

除了含糖量高的白砂糖、红糖、蜂蜜、枫糖浆等糖类，很多调料里都含有大量的糖。比如番茄酱、烧烤酱、甜辣酱、蚝油等。在选购这类调料时，记得先看看包装上营养成分表的碳水化合物含量，在超市购买时，可以多做比较后选择。

含糖量比较低的调料有盐、辣椒粉、蒜粉、姜粉、豆瓣酱、辣椒酱、芝麻油、辣椒油、黄油、橄榄油、酱油、醋等。

减糖早餐的饮食要点

* 以下数据均按照 1 人份计算

1

P32

西葫芦蛋饼

补充蛋白质和膳食纤维。

含糖量 5.8g

蛋白质含量 10.7g

凉拌紫甘蓝

P56

补充膳食纤维。

含糖量 7.3g

蛋白质含量 1.7g

黑咖啡（150ml）

几乎不含糖，还能消除水肿，提神醒脑。

含糖量 0g

蛋白质含量 0.3g

含糖量：13.1g　蛋白质含量：12.7g

营养学家认为早餐是非常重要的一餐，对人的健康十分重要，因为它提供了展开一天活动所需的能量。不吃早餐会令人更易肥胖，因为身体感觉到饥饿，食量就会增加；而能量不足，新陈代谢变慢，也会让脂肪更容易囤积。

2

口蘑蛋卷

P30

口蘑中富含膳食纤维，
鸡蛋是优质的蛋白质来源。

含糖量 6.2g

蛋白质含量 20.0g

酸奶水果麦片

P46

既能补充适量的碳水化合物，也能补充蛋白质和维生素，水果要选择低糖的。

含糖量 7.8g

蛋白质含量 6.3g

豆浆（200ml）

能补充蛋白质，注意不要加糖。

含糖量 2.4g

蛋白质含量 6.0g

含糖量：16.4g　　蛋白质含量：32.3g

建议 早餐的糖摄入量：10~40g

吃饱腹感强且容易消化的食物，
保证蛋白质和膳食纤维的摄入，
避免摄入添加糖。

减糖午餐的饮食要点

* 以下数据均按照 1 人份计算

1

蒜香烤鸡翅

P65

鸡翅不仅含糖量低，还富含蛋白质。

含糖量 11.2g

蛋白质含量 31.3g

干煸豆角

P105

补充膳食纤维。

含糖量 8.2g

蛋白质含量 4.1g

泡菜饼

P127

发酵食物能促进肠胃消化。

含糖量 6.3g

蛋白质含量 14.0g

含糖量：25.7g　蛋白质含量：49.4g

经过一早上的忙碌，很多人会选择在中午吃面条、米饭等主食，但这类食物的 GI[1] 值通常都比较高，很容易引起血糖快速升高。为避免这个问题，可以吃糙米、全麦面包等富含膳食纤维的食物代替主食，吃完后血糖值不易快速上升。另外，需要搭配富含蛋白质的肉类、鱼类以及富含膳食纤维的菌菇、海藻类等。

注 1：血糖生成指数（GI）是表示某种食物升高血糖效应与标准食品（通常为葡萄糖）升高血糖效应之比，指的是人体食用一定食物后会引起多大的血糖反应。

2

鲫鱼蒸蛋

P76

富含优质蛋白质，且容易消化。

含糖量 3.2g

蛋白质含量 46.0g

炒合菜

P100

包含菌类、蔬菜类、蛋类等
各种食材，营养丰富。

含糖量 4.6g

蛋白质含量 3.9g

鸡丝凉面

P126

用魔芋丝代替面条，
不仅增强饱腹感，而且更减糖。

含糖量 18.4g

蛋白质含量 22.7g

含糖量：**26.2g**　　蛋白质含量：**72.6g**

建议 午餐的糖摄入量：20~50g

减少面条、米饭等精加工碳水化合物的摄入，

用薯类或糙米代替主食。

注意饮食均衡，搭配蔬菜、肉类等，

减少点外卖的次数。

减糖晚餐的饮食要点

* 以下数据均按照 1 人份计算

1

P131

莴笋虾仁

含有丰富的膳食纤维和蛋白质，且含糖量低。

含糖量 2.3g

蛋白质含量 11.2g

P174

青菜汆芙蓉丸子

不仅营养均衡，而且饱腹感强。

含糖量 3.5g

蛋白质含量 23.3g

含糖量：5.8g　　蛋白质含量：34.5g

晚餐要尽量减少糖类的摄入，因为早餐和午餐后会有工作、学习等活动，人体可以消耗掉一部分糖；而晚餐后，大多数人不仅运动量减少，还会在不久后进入睡眠，此时的糖类很容易转化为脂肪，堆积在身体里。因此，晚餐一定不要吃含糖量过高的食物。

P145

节瓜粉丝煲

用魔芋丝代替粉丝，减糖效果更好。

含糖量 4.6g

蛋白质含量 10.1g

P132

泰式炒杂菜

富含膳食纤维，且口感更加丰富。

含糖量 8.6g

蛋白质含量 8.2g

含糖量：13.2g 蛋白质含量：18.3g

建议 晚餐的糖摄入量：10~40g

减少面条、米饭等精加工碳水化合物的摄入，

避免吃含糖量高的水果等，

可以吃蔬菜汤等易消化的食物。

Part 2

减糖早餐

营养健康的早餐应该包含优质的蛋白质、膳食纤维等营养素。同时，早餐应避免摄入过多的糖类，尽可能选择饱腹感强且容易消化的食物。

含糖量 **44.4g**　蛋白质含量 **83.7g**

Note !

这是港式云吞，通常用很薄的碱水馄饨皮，如果用普通的馄饨皮，可以稍微把皮擀大一点，这样更容易包。

鲜虾馄饨

食材（2~3 人份）

- 虾仁 ············· 12 个(200g)
- 猪肉馅 ············· 150g
- 香菇 ············· 4 朵(80g)
- 鸡蛋 ············· 1 个
- 小葱 ············· 2 根
- 生姜 ············· 10g
- 馄饨皮 ············· 12 张(60g)
- 生菜 ············· 2 片

调料

- 盐 ············· 2g
- 生抽 ············· 1 小勺
- 蚝油 ············· 1 小勺
- 白胡椒粉 ············· 少许

做法

1 将香菇切成碎末，小葱、生姜放入搅拌机，加 100ml 水，打成葱姜水。

3 肉馅中加入香菇碎、鸡蛋、盐、生抽、蚝油，搅拌均匀。

4 肉馅中再加入 2 大勺葱姜水，顺时针搅拌 3 分钟左右。

5 在每张馄饨皮上放 20g 左右馅料，再放入一整只鲜虾仁，包起即可。

6 锅内加水煮开，将包好的馄饨放入，煮开后加半碗冷水，再大火煮开，直到馄饨浮起。煮的时候不要盖锅盖，用中火多煮一会儿。

7 最后放入生菜，撒少许盐和白胡椒粉调味即可。

素蒸饺

含糖量 **124.4g**　蛋白质含量 **60.0g**

食 材（4~5 人份）

胡萝卜 ························ 30g
木耳（泡发） ················ 70g
豆腐皮 ························ 50g
白菜 ·························· 50g
鸡蛋 ·························· 2 个
饺子皮 ········ 20 张（200g）

调 料

花生油 ·············· 1/2 大勺
盐 ······························ 2g
生抽 ···················· 1 小勺

做 法

1 木耳、白菜切成碎末，豆腐皮、胡萝卜切细丝。

2 鸡蛋打散后，用平底锅煎成蛋皮，晾凉后切碎。

3 锅中放油烧热，依次放入胡萝卜、木耳、豆腐皮、白菜炒软，将切碎的鸡蛋皮与之混合，加入盐、生抽，搅拌均匀。

4 在每张饺子皮上放 20g 左右馅料，包好。

5 将饺子放入蒸锅中，大火蒸 8 分钟即可出锅。

Note！

普通的饺子皮厚，含糖量高，将饺子皮厚度减半，或者用馄饨皮代替，含糖量则可大大降低。建议早餐每人吃 4~5 个即可，其余的饺子可以放入冰箱冷冻，留待下次食用。

口蘑蛋卷

食材（2人份）

鸡蛋 ………… 3个
口蘑 ………… 50g
牛奶 ………… 1大勺
洋葱 ………… 少许

调料

盐 ………… 1/2小勺
黑胡椒粉 ………… 少许
黄油 ………… 20g

做法

1 口蘑切片，洋葱切丁备用。鸡蛋打散，加入牛奶和盐搅拌均匀。

2 先开中火，在平底锅中放入10g黄油，待黄油融化，放入洋葱爆香。

3 加入口蘑，翻炒至变软，加入盐和黑胡椒粉调味，盛出备用。

4 用厨房纸擦干锅底，开小火，加入剩下的黄油烧至融化，加入蛋液。转中火，微微晃动锅身让蛋液均匀地铺在锅底。煎至凝固关火。

5 将炒好的蘑菇放在蛋皮三分之一处铺成一排，从离口蘑近的一边裹住口蘑卷起来。

6 将卷好的蛋卷取出，切段摆盘。

煎饺抱蛋

含糖量 77.2g　蛋白质含量 49.3g

食材（2~3 人份）

饺子 ………………… 12 个
鸡蛋 ………………… 2 个
小葱（切葱花）…… 1/2 根
黑芝麻 ……………… 少许

调料

花生油 ……………… 1 小勺
盐 …………………… 少许

做法

1. 在平底锅中刷一层油，将提前包好的饺子平铺在锅底。
2. 开中火，煎至饺子皮微微上色。
3. 在锅内加入适量开水，水量没到饺子 2/3 处，盖上锅盖，转中火焖煮至水几乎烧干。
4. 焖饺子的同时，将鸡蛋打散，加少许盐搅拌均匀。
5. 将打散的蛋液倒入锅中，微微晃动锅身让蛋液均匀地铺在锅底。
6. 盖上锅盖转小火，待蛋液稍稍凝固，撒上葱花、芝麻，再焖 20 秒左右即可装盘享用。

Note！

这里的饺子可以用本书中的素蒸饺（P29）或菜肉馄饨（P177）。

Note！

橄榄油的胆固醇含量为 0，被认为是迄今所发现的最适合人体的油脂。

西葫芦蛋饼

食 材（2 人份）

西葫芦 ………………… 200g
鸡蛋 ……………………… 3 个

调 料

盐 ……………………… 少许
橄榄油 ……………… 1/2 勺

做 法

1 将西葫芦刨成细丝，放入稍大一点的碗中。

2 在碗里加入鸡蛋、盐，搅拌均匀。

3 在平底锅中刷一层油，倒入 1 勺步骤 2 中拌好的鸡蛋糊，晃动平底锅将面糊整理成圆形，也可以用模具做出各种形状。

4 中小火煎至一面焦黄，然后翻面继续煎至两面焦黄，装盘即可。

秋葵煎蛋

含糖量 **8.0g**　蛋白质含量 **21.8g**

食材（2人份）

秋葵 ………………… 100g
鸡蛋 …………………… 3个

调料

盐 ………………… 1/3勺
生抽 ……………… 1小勺
橄榄油 ………… 1大勺

做法

1 秋葵放入沸水中焯1分钟左右，捞出后去蒂，切成小片。

2 鸡蛋打散，加入盐和生抽，搅拌均匀。

3 平底锅中放油，油热后把秋葵均匀地铺在锅底。

4 倒入蛋液，晃动平底锅让蛋液均匀地平铺于锅底并没过秋葵。

5 中小火煎至蛋液凝固，翻面再煎一会儿，把蛋饼对折，即可出锅。

Note!

秋葵是黏性植物，焯水时别切开，否则黏液会很难处理。

含糖量
7.0g/个

蛋白质含量
3.5g/个

Note！

日常食用的包子皮的含糖量高，改用饺子皮来做包子大大减少了面粉的用量，从而达到减糖的效果。白萝卜丝先用盐腌制挤出水分，是去除白萝卜苦味的秘诀。白萝卜有祛痰润肺、解毒生津的作用，而且含糖量低，是性价比超高的宝藏食材。

萝卜丝虾米包子

食 材（3 人份）

白萝卜 …………………… 200g
干虾皮 …………………… 30g
饺子皮 …………… 6 张（60g）
小葱（切碎） …………… 1 根
生姜（切末） …………… 10g

调 料

生抽 …………………… 1 小勺
花生油 ………………… 2 大勺
盐 ……………………… 1 小勺
白胡椒粉 ……………… 少许

做 法

1 把白萝卜刨丝，放入少许盐搅拌均匀，静置 10 分钟后，淘洗两遍，将水挤出。

2 将姜末、小葱碎和白萝卜丝、干虾皮等拌匀，再加入所有调料，搅拌均匀。

3 将饺子皮摊开，擀成更大一点的薄片。

4 在面皮中间放 1 大勺馅料，用包包子的方法包住馅料。左手大拇指按住馅料，再用右手拇指与食指捏出一个褶子，然后用右手大拇指固定不动，用食指将旁边大面皮捏出褶，依次向前旋转着捏，最后收拢成包子状。

5 蒸锅中加水煮沸，做好的包子上锅蒸 10 分钟即可。

蔬菜鸡肉全麦卷饼

含糖量 **24.4g**/个　蛋白质含量 **21.4g**/个

食材（2人份）

全麦卷饼皮（市售）……2张
鸡胸肉……100g
牛油果……1个（120g）
生菜……4片（60g）
番茄……1/2颗（75g）
鸡蛋……1个

调料

柠檬汁……2小勺
橄榄油……2大勺
盐……少许
黑胡椒粉……少许

做法

1 鸡胸肉冷水下锅，煮开10分钟左右至熟透，沥干水后切成条状备用。

2 番茄切片后，再切成条状。鸡蛋打散，煎成薄薄的蛋饼。

3 将牛油果果肉捣烂，加入黑胡椒粉、盐和柠檬汁拌匀，制成牛油果酱。

4 将饼皮加热变软后，铺上生菜和蛋饼，再淋上少许橄榄油。

5 将牛油果酱均匀地抹在生菜上，再铺上鸡胸肉条和番茄条，卷起即可食用。

Note！

全麦饼皮为市售，6片装共270g。低糖高蛋白的牛油果，做成牛油果酱可以代替蛋黄酱。牛油果酱也可以用于其他三明治中。如果想要多摄入膳食纤维，紫甘蓝是非常不错的选择，不仅营养丰富，还为早餐增添一抹亮色。

Note！

鸡汤可以在前一天睡前用电饭锅预约炖煮，早晨只需要煮一下魔芋丝就可以了，更加快捷方便。将含糖量高的面条换成含糖量低的魔芋丝，这样的鸡汤面可以多吃点。

鸡汤面

食材（2人份）

鸡腿肉 ………… 100g
魔芋丝 ………… 200g
上海青 ………… 100g
香菇 ………… 1朵（20g）
小葱（切葱花） ………… 少许
生姜（切丝） ………… 5g

调料

料酒 ………… 1大勺
白胡椒粉 ………… 少许
盐 ………… 少许

做法

1 鸡腿肉冷水下锅，煮开后撇去浮沫，再加入姜丝、料酒和香菇，煮沸后转小火，炖半小时以上。

2 另起一锅烧水，水开后，放入魔芋丝焯一下。

3 鸡汤炖好后，把鸡腿肉捞出，撕成细丝后，再放回锅中。

4 在锅中加入上海青和煮好的魔芋丝，煮开后捞出装碗，撒上葱花、白胡椒粉，加盐调味即可。

奶酪蔬菜鸡蛋饼

食材（1人份）

鸡蛋 ………………… 2个
火腿肠………………… 50g
奶酪 ………………… 1片
生菜 ………………… 1片
小葱 ………………… 1根
牛奶 ……………… 1大勺

调料

橄榄油 ………… 1小勺
盐 …………………… 少许

做法

1 将奶酪、火腿肠切成丁，生菜、小葱切成碎末。

2 鸡蛋打散，加入牛奶和盐，再加入步骤1中的食材搅拌均匀。

3 平底锅中倒入橄榄油，油热后倒入搅拌好的鸡蛋液，晃动平底锅，让蛋液均匀地平铺于锅底。

4 转中小火，盖上锅盖，煎至蛋饼边缘开始微微翘起、蛋液开始凝固时，将蛋饼从一边卷起。卷好后再煎一小会儿即可。

含糖量 **5.3g**　蛋白质含量 **28.4g**

Note！

鸡蛋中加入少许牛奶能使蛋饼更嫩滑，也能增加香味。

金枪鱼饭团

食 材（1人份）

生菜 ………………………… 4片
鸡蛋 ………………………… 2个
寿司海苔 ………………… 3片
奶酪 ………………………… 1片
牛油果 ……… 1/2个（120g）
金枪鱼罐头 …………… 200g
牛奶 ……………………… 1小勺

调 料

蛋黄酱 …………………… 1大勺

做 法

1 生菜切丝、牛油果切片。

2 在鸡蛋中加入牛奶搅拌均匀，煎成蛋饼，切成跟奶酪片差不多大的方形。

3 在金枪鱼中加入1大勺蛋黄酱拌匀。

4 铺一张保鲜膜，上面放海苔，在海苔上依次放1片奶酪、牛油果片、蛋饼、金枪鱼，最后盖上一层生菜丝。

5 在生菜丝上挤上蛋黄酱后盖1片奶酪，在奶酪片上再抹少许蛋黄酱来固定奶酪片。

6 将海苔像叠信封一样将四个角向中间折叠，与奶酪片贴合，最后用保鲜膜紧紧包裹住整个饭团，切开即可食用。

水波蛋芦笋培根沙拉

含糖量 **16.3g**　蛋白质含量 **35.4g**

食材（1人份）

- 芦笋 …… 100g
- 口蘑 …… 50g
- 培根 …… 1片(25g)
- 鸡蛋 …… 1个
- 圣女果 …… 2~3颗(30g)
- 生菜 …… 2片

调料

- 白醋 …… 少许
- 橄榄油 …… 1大勺
- 意大利黑醋 …… 1大勺
- 黑胡椒粉 …… 少许
- 盐 …… 少许

做法

1. 将口蘑切片，芦笋切成长6cm左右的段，分别放入沸水中焯1分钟左右。
2. 锅内放少许橄榄油，将培根煎至微微焦黄后盛出，放凉后切碎。生菜切碎，圣女果对半切开。
3. 将鸡蛋直接打入沸水中，水中加入少许白醋，再次煮开后，关火焖2分钟捞出。
4. 将橄榄油、意大利黑醋、黑胡椒粉、盐倒入碗中，搅拌均匀，制成油醋汁。
5. 将所有食材装盘，放入步骤3中的水波蛋，浇上油醋汁即可。

Note!

意大利黑醋由葡萄酿制，所含氨基酸是白醋的10倍，有助于消耗体内过多的脂肪，减肥效果明显。另外还可改善手脚冰冷，既能提味，又有保健功效。

Note！

将马芬蛋糕中的面粉换成奶酪与培根，大大减少了糖的摄入，还增加了蛋白质含量。这是一道减糖期间极好的早餐。

培根鸡蛋马芬

食 材（6个）

鸡蛋 ………………………… 4 个
马苏里拉奶酪 ………… 120g
培根 ……………… 6 片（150g）
甜玉米粒（市售）……… 30g
番茄 ………………………… 50g
洋葱 ………………………… 50g

调 料

黑胡椒粉 ………………… 少许
盐 ………………………… 少许

做 法

1 在马芬蛋糕模具上铺烘焙纸，每一格烘焙纸中放入 20g 奶酪。

2 番茄和洋葱分别切碎。

3 鸡蛋打散加入玉米粒和步骤 2 中的食材，撒少许黑胡椒粉、盐搅拌均匀。

4 每个马芬模具里用 1 片培根沿着模具边缘绕一圈，在培根中间倒入蔬菜蛋液约八分满。

5 烤箱 190°C预热 10 分钟，将马芬放入烤箱，上下火烤 20 分钟，烤至上层焦黄。

蔬菜培根开放式三明治

食材（2人份）

- 全麦吐司 ………………… 2片
- 奶酪 ……………………… 2片
- 番茄 ……………… 4片（30g）
- 培根 ……………… 2片（50g）
- 生菜 ……………… 2片（30g）

调料

- 柠檬汁 …………… 1/2小勺
- 橄榄油 ………………… 1小勺
- 黑胡椒粉 ……………… 少许

做法

1. 全麦吐司用平底锅烘热备用。
2. 平底锅内刷薄油，将培根煎至两面微微焦黄。
3. 将柠檬汁与橄榄油拌匀，撒在生菜上。
4. 依次在吐司上叠放生菜、奶酪片、番茄片和培根，最后撒少许黑胡椒粉即可食用。

含糖量 **39.7g**　蛋白质含量 **28.4g**

Note！

减糖期间偶尔解馋吃半份就好啦。全麦吐司的含糖量比普通吐司的含糖量低，建议选全麦吐司。

牛油果番茄开放式三明治

食材（2人份）

全麦吐司 …… 2片
鸡蛋 …… 2个
牛油果 …… 1个(120g)
番茄 …… 1/4颗(40g)

调料

柠檬汁 …… 1/2小勺
橄榄油 …… 1小勺
盐 …… 少许
黑胡椒粉 …… 少许

做法

1. 鸡蛋煮熟后，去壳、捣碎。番茄切成小丁。
2. 牛油果取出果肉，加入鸡蛋碎、番茄碎、柠檬汁、橄榄油和少许盐，搅拌均匀。
3. 将步骤2中调好的酱均匀地涂抹在吐司上，撒上少许黑胡椒粉即可享用。

蔬菜三明治

含糖量 **9.4g**　蛋白质含量 **15.3g**

食材（1人份）

- 生菜 ……………………………2片
- 鸡蛋 …………………………… 1个
- 切片火腿 ……… 2片(40g)
- 番茄 …………… 1/4颗(40g)
- 肉松 ……………………………20g

调料

- 蛋黄酱 ………………… 1大勺

做法

1 将鸡蛋煎熟，番茄切片。

2 在保鲜膜上放1片生菜，压平。在生菜上抹上蛋黄酱，依次在生菜中放上煎蛋、番茄、肉松和火腿。再取1片生菜包住所有食材，压实。

3 将铺在底部的保鲜膜边角抓起收紧，最后旋转拧紧边缘，再加一层保鲜膜反向包裹一次固定。

4 从中间将蔬菜三明治切开，即可食用。

Note！

常见的三明治中吐司的含糖量很高，用生菜代替吐司，是个减糖的好方法。在市售沙拉酱中，蛋黄酱虽然热量偏高，但含糖量较低。1小勺蛋黄酱的含糖量约0.3g，而1小勺芝麻风味的沙拉酱含糖量约为2.6g，因此蛋黄酱是优质的低糖沙拉酱。

菠菜火腿全麦三明治

食 材（2人份）

全麦吐司 ······ 2片
菠菜 ······ 80g
切片火腿 ······ 50g
奶酪 ······ 2片

调 料

黄油 ······ 5g
盐 ······ 少许

做 法

1 将菠菜洗净后，切成长6cm左右的段。

2 平底锅烧热后放入黄油，黄油融化后，倒入菠菜，炒软后加少许盐调味，盛出备用。

3 全麦吐司用平底锅烘热。

4 将奶酪、菠菜、火腿片依次叠放在吐司上，最后盖上另一片吐司，压紧，沿对角线切开成三角形。

藜麦南瓜热沙拉

含糖量 **26.4g**　蛋白质含量 **11.5g**

食 材（2 人份）

三色藜麦 …………………… 30g
南瓜 ………………………… 50g
生菜 ………………………… 2 片
紫甘蓝 ……………………… 50g
圣女果 ……………………… 5 颗
胡萝卜 ……………………… 20g
水煮蛋 ……………………… 1 个

调 料

盐 …………………………… 少许
橄榄油 …………………… 2 小勺
意大利油醋汁 ……… 1 大勺

做 法

1 藜麦提前泡半小时，倒入锅中，加 100ml 水煮熟。

2 将南瓜切块后放入碗中，放入盐、橄榄油搅拌均匀，放入烤箱，180℃上下火烤 25 分钟。

3 将水煮蛋切片，紫甘蓝、胡萝卜、生菜切丝，圣女果对半切开备用。

4 将煮熟的藜麦、烤熟的南瓜和步骤 3 中备好的食材全部放入碗中，倒入意大利油醋汁，搅拌均匀即可。

酸奶水果麦片

食 材（1人份）

自制希腊酸奶（P192）…… 50g
蓝莓 …… 20g
草莓 …… 60g
无糖即食麦片 …… 10g

做 法

1 将麦片和酸奶倒入碗中。

2 草莓对半切开放入碗中，最后加上蓝莓，即可享用。

奶酪菠菜烘蛋

含糖量 **11.6g**　蛋白质含量 **29.4g**

食材（1人份）

菠菜 ………………… 100g
洋葱 ………………… 25g
口蘑 ………………… 20g
鸡蛋 ………………… 2个
奶酪 ………………… 1片
牛奶 ………………… 1大勺

调料

黄油 ………………… 10g
盐 ………………… 少许
黑胡椒粉 ………… 少许

做法

1 菠菜切成小段，口蘑切片，洋葱、奶酪切碎。

2 鸡蛋中加入盐、黑胡椒粉、牛奶及奶酪，搅拌均匀。

3 平底锅中放入5g黄油，加热融化后，依次加入口蘑、洋葱、菠菜翻炒。

4 将步骤3中炒好的蔬菜倒入步骤2中调好的蛋液中，搅拌均匀。

5 平底锅中再次放入5g黄油，融化后倒入调好的菠菜蛋液，微微晃动锅身让蛋液均匀地铺在锅底，中小火煎至蛋液凝固，装盘即可。

Note！

蒜皮有特别的香味，和三文鱼一起煎，味道更好。吃的时候还可以搭配圣女果，酸酸甜甜的，能够提升三文鱼的口感。

香煎三文鱼

食材（2人份）

三文鱼 ………… 1块(300g)
柠檬 …………………… 1/2颗
大蒜(带皮) …… 4瓣(21g)

调料

黑胡椒粉 ………………… 少许
橄榄油 ………………… 1小勺
盐 ……………………… 少许
黄油 …………………… 10g

做法

1. 三文鱼擦干水，加盐、黑胡椒粉、柠檬汁和少许橄榄油，腌制20分钟。
2. 大蒜带皮拍扁，备用。
3. 平底锅烧热后放黄油化开，放入带皮拍扁的大蒜，小火慢煎一会儿。
4. 放入三文鱼，中小火慢煎2分钟至一面金黄，翻面煎至两面金黄。
5. 用锅铲压一下三文鱼，中间紧实便可装盘，将柠檬汁挤在鱼身上，即可享用。

蛋包菜

食 材（2 人份）

鸡蛋 ························ 3 个
火腿 ························ 30g
洋葱 ························ 50g
青椒 ························ 1 个
番茄 ························ 50g
牛奶 ···················· 1 大勺

调 料

黄油 ························ 15g
白胡椒粉 ··············· 少许
盐 ··························· 少许

做 法

1 将火腿、洋葱、青椒、番茄等全部切成 1cm 见方的小块备用。

2 在鸡蛋中加入牛奶、盐和白胡椒粉，搅拌均匀。

3 平底锅放入 5g 左右的黄油，融化后放入洋葱爆香，再加入步骤 1 中备好的食材炒熟，盛出备用。

4 锅中放入剩下的黄油，融化后倒入蛋液，微微晃动锅身让蛋液均匀地铺在锅底，中小火煎至鸡蛋凝固。

5 将步骤 3 炒好的食材放在煎好的蛋饼的一侧，将蛋饼对折，包住所有食材，稍稍压实，静置片刻，即可装盘食用。

Note !

蔬菜可以随喜好添加，尽量少用含糖量较高的根茎类蔬菜。

蔬菜欧姆蛋

食 材（2 人份）

- 鸡蛋 ………………………… 3 个
- 青椒 ………… 1/4 个(15g)
- 红彩椒 ……… 1/4 个(15g)
- 洋葱 ………………………… 15g
- 番茄 …………………………20g
- 牛奶 ……………………… 1 大勺

调 料

- 橄榄油 ……………………… 1 小勺
- 盐 ………………………………… 1/2 勺
- 黑胡椒粉 ………………… 少许

做 法

1 把青椒、红彩椒、洋葱、番茄分别切丁，将鸡蛋打散后加入牛奶、盐，搅拌均匀。

2 平底锅中放少许油，加入蔬菜丁、少许盐翻炒均匀，盛出备用。

3 锅中再次放油，油热后倒入蛋液，待蛋液开始凝固，转中小火。

4 将步骤 2 炒好的蔬菜丁均匀地铺在蛋饼上再煎片刻。

5 待蛋皮开始焦黄，撒上黑胡椒粉，把蛋饼对折，即可出锅。

芦笋鱼饼

含糖量 **7.6g**　蛋白质含量 **59.4g**

食 材（2 人份）

龙利鱼 ············· 400g
芦笋 ····················· 80g
彩椒 ····················· 50g
鸡蛋清 ······2 个(60g)

调 料

白胡椒粉 ·········· 少许
盐 ················· 1/2 小勺
花生油 ········ 1/2 大勺

做 法

1 用刀背敲打鱼肉，拍成鱼茸，也可以搅拌成鱼茸。

2 将鱼茸放入一个稍大的碗里，加入白胡椒粉、蛋清、盐，用筷子沿同一方向搅拌至鱼茸微微起胶。

3 按刚才搅拌的方向用手从碗底捞起鱼茸，向碗底摔打，至彻底起胶（3~5 分钟）。

4 将芦笋对半切开，放入沸水中煮至断生后捞出。将芦笋与彩椒切成碎末，放入碗中，和鱼茸一起搅拌均匀。

5 将搅拌好的鱼茸用勺子舀成球形，或用手捏成球形。

6 锅中刷一层油，把鱼球放入锅中，用锅铲轻轻压成饼状，转小火慢煎，煎至两面金黄即可。

Note !

也可以用鳕鱼或三文鱼代替龙利鱼，要选无刺或少刺的鱼。

凉拌鸡蛋菠菜

含糖量 **12.4g**　蛋白质含量 **21.5g**

食材（2人份）

- 菠菜 ………… 300g
- 鸡蛋 ………… 2个
- 大蒜（切末） ………… 1瓣（5g）
- 白芝麻 ………… 少许

调料

- 芝麻油 ………… 1小勺
- 盐 ………… 适量
- 生抽 ………… 1小勺

做法

1. 将鸡蛋液搅匀，放入平底锅中炒成小块或者煎成蛋皮切丝备用。
2. 菠菜洗净后，用开水焯熟捞出，过凉水后沥干，切成小段。
3. 将生抽、芝麻油、盐、蒜末等拌匀。
4. 将鸡蛋丝与菠菜倒入碗中，淋上步骤3调好的酱汁，搅拌均匀、撒少许白芝麻即可。

煎西葫芦

含糖量 **4.8g**　蛋白质含量 **1.2g**

食材（1人份）

西葫芦 ………… 150g

调料

花生油 ……… 1小勺
黑胡椒粉 ……… 少许
盐 ………………… 少许

做法

1 西葫芦切成厚度均匀的薄片。

2 在平底锅中刷一层薄油，开中火加热。将西葫芦片平铺在锅底，中火煎至中间变软。

3 将西葫芦片翻面，继续煎至周边变软。

4 撒少许黑胡椒粉、盐，装盘即可。

香菇炒青菜

含糖量 **8.6g**

蛋白质含量 **4.6g**

食材（2人份）

上海青 ………………… 200g
香菇 ……………… 3朵(60g)
大蒜(切末) …… 2瓣(10g)

调料

花生油 …………… 1/2大勺
盐 ……………………… 少许

做法

1. 将上海青撕成单片，香菇切薄片备用。
2. 在锅中加入1大勺油，油热后加入蒜末爆香。
3. 再依次倒入香菇、上海青，继续翻炒。
4. 加入盐翻炒至水分收干即可。

鸡蛋炒西蓝花

含糖量 **11.5g**　蛋白质含量 **27.0g**

食材（2人份）

鸡蛋……………………3个
西蓝花……………200g
牛奶………………1大勺

调料

盐…………………… 少许
黑胡椒粉………… 少许

做法

1 西蓝花切成小朵，放入沸水中焯至断生。

2 将鸡蛋打散，并加入黑胡椒粉、盐和牛奶，搅拌均匀。

3 平底锅中放入少量的油，油热后倒入蛋液翻炒至稍稍凝固。

4 放入西蓝花，继续翻炒至鸡蛋完全凝固。

5 加入少许盐调味，即可出锅。

Note！

西蓝花富含膳食纤维，能有效降低肠胃对葡萄糖的吸收，进而降低血糖。而且每100g西蓝花中含蛋白质3.5~4.5g，是菜花中蛋白质含量的3倍、番茄蛋白质含量的4倍。

凉拌紫甘蓝

食 材（2 人份）

紫甘蓝 ························ 200g
大蒜（切末）······· 1 瓣（5g）
白芝麻 ······················· 少许

调 料

生抽 ···················· 1/2 大勺
香醋 ························ 1 小勺
花生油 ···················· 1 大勺

做 法

1. 紫甘蓝切粗丝，放入沸水中焯 1 分钟，捞出后沥干。
2. 将蒜末放入小碗，加入生抽、香醋拌匀。
3. 锅中放油，油热后倒入步骤 2 中的调料，翻炒均匀。
4. 将炒好的料汁倒入紫甘蓝中，拌匀撒上白芝麻即可。

卤鹰嘴豆

含糖量 **52.1g**　蛋白质含量 **24.0g**

食 材（5 餐份）

鹰嘴豆……………… 100g

调 料

生抽 ……………… 2 大勺
老抽 ……………… 1 大勺
赤藓糖醇 ……… 1 小勺
八角 ………………… 1 颗
桂皮 ……………… 1 小块
香叶、花椒…… 各少许

做 法

1 将鹰嘴豆提前泡发（不少于 8 小时）。

2 锅中放入没过鹰嘴豆的清水，加入所有调料。如果喜欢吃辣，可以加一点干辣椒。

3 开大火煮开，转小火煮 20 分钟左右，煮至鹰嘴豆酥软即可。

* 一次可多做一些，放入冰箱冷藏。建议每餐吃 30~40g 为宜。

Note！

赤藓糖醇是存在于葡萄、梨等果实或发酵食品中的天然糖醇，具有白砂糖 70% 左右的甜度，0 热量、0 脂肪、0 糖，比木糖醇更健康。在后面多道菜中，也会用到赤藓糖醇。

含糖量
6.1g

蛋白质含量
2.1g

Note!

紫苏叶含有丰富的胡萝卜素、维生素C，有助于增强人体免疫力，延缓衰老。清淡的黄瓜加入紫苏叶后不但营养丰富，口感也会得到很大的提升。

紫苏炒黄瓜

食材（1人份）

黄瓜 ………… 150g
紫苏叶 ………… 30g
大蒜（切末）……… 1瓣（5g）
白芝麻 ………… 少许

调料

花生油 ………… 1小勺
生抽 ………… 1大勺
盐 ………… 少许

做法

1 黄瓜斜刀切片，紫苏叶切碎。

2 锅中放油，油热后放入蒜末爆香，放入黄瓜片翻炒至变软。

3 倒入紫苏碎翻炒均匀，加入生抽、盐调味，最后撒白芝麻装盘即可。

培根芦笋卷

含糖量 **3.3g**　蛋白质含量 **12.8g**

食材（1人份）

芦笋 ········· 60g
培根 ········· 2片

调料

盐 ········· 适量
花生油 ········· 1小勺
黑胡椒粉 ········· 少许

做法

1 芦笋切段（长度约为培根宽度的2倍），放入沸水中加少许盐焯熟，捞出后冲凉水，沥干备用。

2 将培根切成两段。用培根将芦笋卷起，可以用牙签固定。

3 平底锅中刷一层油，将卷好的培根卷放入锅中，中火煎至培根微微焦黄，撒少许黑胡椒粉。

4 慢慢抽出牙签，装盘即可。

Note！

因为培根本身带有咸味，所以这道菜除了在水中加入少许盐，后续不用再加盐了。除了糖，我们也要控制盐的摄入量。

含糖量
20.2g

蛋白质含量
40.7g

Note！

煮毛豆时不要盖锅盖，这样毛豆就不容易变黄，出锅过冷水也是为了避免毛豆变黄。香糟卤本身就有丰富的味道，因此不需要再另外添加任何调料。

糟毛豆

食材（1~2人份）

毛豆（带壳）…………… 300g

调料

盐 …………………………… 少许
香糟卤（市售）………… 1包

做法

1 毛豆用盐搓洗后冲水沥干，剪去两端。

2 将处理好的毛豆放入锅中加水，水量没过毛豆。

3 不盖锅盖，大火煮开后转小火继续煮15分钟，直至豆子软烂，捞出过冷水后沥干。

4 将毛豆倒入保鲜盒，再倒入香糟卤，盖上盖子放入冰箱冷藏4~5小时后即可食用。

香煎芦笋

含糖量 **6.6g**　蛋白质含量 **5.2g**

食材（1~2 人份）

芦笋 ·················· 200g

调料

花生油 ··········· 1 小勺
盐 ····················· 少许
黑胡椒粉 ·········· 少许

做法

1 芦笋切去较老的根部，从中间切开一分为二，入沸水焯到断生。

2 平底锅中刷一层薄油，放入沥干水的芦笋，用中火慢煎至表皮微微起皱。

3 撒黑胡椒、盐，再微微翻面煎 1 分钟即可。

含糖量
5.8g

蛋白质含量
1.8g

酸辣魔芋丝

食材（1人份）

魔芋丝 …………………… 100g
黄瓜 ………………………… 50g
洋葱 ……………………… 少许
大蒜（切末） ……… 1瓣（5g）
白芝麻 …………………… 少许

调料

生抽 ……………………… 1小勺
香醋 ……………………… 1小勺
赤藓糖醇 ………………… 1小勺
花生油 …………………… 1小勺
干辣椒（切碎） ………… 1根

做法

1 魔芋丝放入沸水中焯1分钟左右，捞出后沥干。

2 将生抽、醋、赤藓糖醇、蒜末和辣椒碎放入小碗。锅中放油，油热后倒入小碗中，搅拌均匀后备用。

3 黄瓜刨丝，洋葱切丝，然后与魔芋丝混合装盘。

4 将步骤2中调制好的酸辣汁倒入盘中，撒上白芝麻即可。

蒜香烤鸡翅

含糖量 **22.3g**
蛋白质含量 **62.5g**

食材（2人份）

鸡翅 ……………… 8个（320g）
大蒜（切末）……… 3瓣（15g）

调料

料酒 ……………………… 1小勺
生抽 ……………………… 1大勺
蚝油 ……………………… 1小勺
黑胡椒粉 ………………… 少许
花生油 …………………… 少许

做法

1. 鸡翅正反面各划一刀，加入蒜末和所有调料，腌制至少2小时。
2. 烤箱预热210℃，将腌制好的鸡翅刷少许花生油放在烤网上。上下火烤10分钟后翻面，再烤10分钟即可。

Note！

相对于煎炒油炸，烤箱制作既可以节约时间，又没有那么多油烟，可以提前一晚腌制鸡翅。

酱鸭腿

含糖量 **3.0g**　蛋白质含量 **78.8g**

食材（2~3 人份）

鸭腿 ………… 2 只(500g)
生姜(切片) ………… 10g

调料

花生油 ……………… 1 大勺
生抽 ……………… 1 大勺
老抽 ……………… 1 小勺
料酒 ……………… 2 大勺
八角 ……………… 少许
桂皮 ……………… 少许
赤藓糖醇 ………… 1 大勺

做法

1 锅中加水，放入鸭腿，加 1 大勺料酒、姜片，开小火慢慢煮沸，撇去浮沫，捞出沥干水分。

2 锅中放油，油热后放姜片爆香，放入鸭腿转中小火煎至两面金黄。

3 加入料酒、生抽、老抽、八角、桂皮和赤藓糖醇，加开水没过鸭腿，大火煮开，转小火焖煮约 20 分钟至鸭腿酥软。

4 最后大火收汁，即可出锅，切一下后摆盘。

卤牛肉

含糖量 **6.2g**　蛋白质含量 **234.5g**

食材（3~4 人份）

牛腱肉 ……………… 1000g
生姜（切片）………… 10g
小葱 …………………… 5 根

调料

生抽 …………………3 大勺
老抽 …………………1 大勺
赤藓糖醇 ……………1 大勺
盐 ……………………… 适量
卤料包…………………… 1 包
陈皮 …………………… 少许

做法

1 牛腱肉整块放入冷水中，开小火煮出血沫后，捞出用清水洗净沥干。

2 在锅中放入 1000ml 水，加入卤料包、姜片、陈皮、小葱和盐，再加入生抽、老抽煮开。

3 将牛腱肉放入步骤 2 制作的卤水中，加赤藓糖醇，大火煮开转小火慢炖 30 分钟，关火焖 20 分钟。

4 再次开大火煮开，转小火煮 15 分钟。取出料包，让牛肉继续浸泡在卤水中放入冰箱冷藏。

4 捞出切片，可以直接吃，也可以蘸凉拌汁吃。

Note！

卤菜的酱汁使用率低，更低糖，而且做好后方便存储，适合上班族周末做好，工作日享用。卤水要没过牛腱肉才能更加入味，因此要选直径小、锅体比较深的锅。如果水不够可以适当多加一点水、生抽和老抽，一定要让肉浸泡在卤汁里，煮的过程中也可以翻动一下。

魔芋丝拌虾仁

含糖量 **13.2g**
蛋白质含量 **60.2g**

食材（2~3人份）

黄瓜 ………………………… 100g
魔芋丝 ……………………… 200g
对虾 ………………………… 300g
白芝麻 ……………………… 少许

调料

芝麻酱汁（P181）…… 1大勺

做法

1 黄瓜刨丝，对虾剥壳、去虾头和虾线。

2 虾仁和魔芋丝依次放入沸水中，分别焯熟后捞出沥干。

3 将所有食材放入盘中，淋上芝麻酱汁，撒上白芝麻即可。

Note！

魔芋丝低脂、低热量，富含的水溶性膳食纤维会抑制肠胃对糖类的吸收，从而抑制饭后血糖的大幅波动。同时，食用魔芋丝还可以提高机体免疫力。

香菇炖鸡翅

含糖量 28.7g　蛋白质含量 67.4g

食材（2~3人份）

鸡翅 ········ 8个(320g)
鲜香菇 ················ 200g
大蒜 ·········· 4瓣(20g)
生姜(切片) ········ 10g

调料

花生油 ············ 1大勺
生抽 ················ 1大勺
老抽 ················ 1小勺
盐 ······················· 适量

做法

1 在鸡翅两面各划一刀，便于入味。在香菇上“十”字形刀口。

2 锅中放油，油热后放入大蒜、姜片爆香，转中火，放入鸡翅翻炒至两面微微焦黄。

3 放入香菇继续翻炒，加入生抽、老抽和温水，水量没过食材。

4 大火煮沸后转小火炖20分钟左右，加盐调味装盘即可。

口水鸡

含糖量 4.1g

蛋白质含量 82.9g

食 材（2~3 人份）

鸡腿 ······ 400g
生姜（切片）······ 10g
小葱 ······ 少许
香菜 ······ 少许
花生 ······ 少许
白芝麻 ······ 少许

调 料

口水鸡酱汁（P180）······ 2 大勺
料酒 ······ 1 大勺

做 法

1 鸡腿冷水下锅，加入姜片和料酒煮开，撇去浮沫，小火继续煮15 分钟。

2 捞出鸡腿，放入加了冰块的冷水。

3 将鸡腿切块装盘，淋上口水鸡酱汁。

4 将花生碾碎，香菜、小葱切碎，和白芝麻一起撒在鸡肉上，即可食用。

Note！

过冰水是为了让鸡皮迅速收缩，这样的鸡皮会比较脆，口感更佳。

橄榄菜炒豆角

含糖量 **14.4g**　蛋白质含量 **24.5g**

食 材（2人份）

豆角 …………………… 200g
猪肉末 ……………… 100g
橄榄菜 ………………… 20g
大蒜 ………… 3 瓣(15g)

调 料

花生油 ……… 1/2 大勺
生抽 ……………… 1 小勺
料酒 …………………… 少许
干豆豉 ……………… 少许

做 法

1. 豆角切丁，水开后焯 2 分钟左右，捞出沥干水分。
2. 锅中放油，油热后放入 3 瓣大蒜和少许干豆豉爆香，放入肉末翻炒至变色，加料酒、生抽，翻炒均匀。
3. 放入豆角继续翻炒，直至微微发干。
4. 加入橄榄菜继续翻炒，加生抽调味即可享用。

Note！

橄榄菜本身有油且味道偏咸，因此不需要另外加盐，生抽和花生油的量可以适量减少。若不放大蒜，含糖量会更低！

含糖量
15.9g

蛋白质含量
50.8g

锅塌豆腐

食 材（2 人份）

北豆腐 ························ 300g
鸡蛋 ································ 2 个
大蒜（切末） ······· 2 瓣（10g）
虾米 ································ 20g
生姜（切片） ···················· 10g
香菜 ······························ 少许

调 料

花生油 ······················ 1 大勺
生抽 ························· 1 小勺
蚝油 ························· 1 小勺
盐 ························· 1/2 小勺

做 法

1 北豆腐切厚片，鸡蛋打散成蛋液，虾米洗净后沥干水分。

2 切好的豆腐用厨房纸吸干水分，并裹上鸡蛋液。

3 锅中放1大勺油，油热后转中火。将裹好鸡蛋液的豆腐放入锅中煎至两面金黄，捞出备用。锅底留油。

4 放入蒜末、姜片爆香，放入虾米翻炒一下，加入盐、生抽、蚝油和半碗水煮开。

5 加入煎好的豆腐焖煮2分钟后，即可装盘享用，也可撒上少许香菜点缀。

烤青花鱼

含糖量 3.7g　蛋白质含量 56.6g

食 材（2 人份）

青花鱼 ················ 300g
紫苏叶 ············ 2~3 片
白芝麻 ················ 少许

调 料

生抽 ················ 1 小勺
孜然粒 ················ 少许
盐 ······················· 少许
花生油 ············ 1 小勺

做 法

1. 将青花鱼处理后，用厨房纸尽量吸干水分，然后抹上盐腌制 15 分钟。
2. 在鱼身上刷少许油和生抽，撒上孜然粒。
3. 烤箱预热 180°C，上下火烤 10 分钟，翻面后再烤 5 分钟，如果担心鱼被烤煳，可以用锡纸包裹后再放入烤箱。
4. 在盘子里铺上紫苏叶，烤鱼装盘后撒少许白芝麻即可。

Note !

如果没有烤箱，也可以用平底锅煎制，中小火两面各煎 5 分钟左右即可。青花鱼属于高蛋白、低脂肪、营养丰富且易于消化的食物。鱼肉的共同特点是：含糖量极低，蛋白质含量极高，因此可以在减糖期间多吃鱼肉。

含糖量 10.8g　蛋白质含量 82.1g

黑椒洋葱炒肥牛

食材（2~3 人份）

肥牛卷 ······················ 400g
洋葱 ························ 100g
白芝麻 ······················ 少许

调料

生抽 ························ 1 大勺
蚝油 ························ 1 小勺
黑胡椒粉 ···················· 适量
花生油 ······················ 1 大勺

做法

1 洋葱切丝备用。肥牛卷放入沸水中，烫至变色后捞出沥干。

2 将生抽、蚝油倒入小碗中，加少许水拌匀。

3 锅中放油，油热后放洋葱翻炒至变软，加入肥牛卷、黑胡椒粉和步骤2中调好的酱汁一起翻炒入味，撒上白芝麻即可。

笋干蒸鸡腿肉

含糖量 15.6g　蛋白质含量 67.4g

食材（2人份）

鸡腿 ………………………… 300g
笋干…………………………50g
大蒜（切末）…… 2瓣（10g）

调料

花生油 ………………… 1小勺
生抽 …………………… 1小勺
蚝油 …………………… 1小勺
干豆豉 ………………… 20g

做法

1 将鸡腿切大块。笋干入沸水烫煮3分钟，捞起切条。

2 将蒜末和豆豉一起放入碗中，然后加蚝油、生抽拌匀。

3 锅中放油，油热后倒入步骤3中调好的酱汁炒香。

4 将切好的鸡腿码入较深的盘子，浇一层酱汁后铺上笋干，然后再浇一层酱汁。

5 蒸锅烧开水，将码好菜的盘子放入锅中，蒸30分钟即可。

Note！

相对于常吃的笋干烧肉，这道菜更低脂、更低糖，用油也更少。鸡腿肉可以去皮，酱汁也可以不炒，直接拌匀即可。

鲫鱼蒸蛋

食材（2人份）

鲫鱼 ················ 1条(400g)
鸡蛋 ···························· 3个
生姜(切丝) ··············· 少许
小葱 ···························· 3根

调料

盐 ································ 少许
生抽 ························ 1小勺
白胡椒粉 ··················· 少许
芝麻油 ····················· 1小勺

做法

1 小葱切段，取少许葱绿切末。

2 鲫鱼背部划几刀，放入盘中。将葱段、姜丝铺在盘中，再放入鲫鱼。

3 蒸锅中放水，煮沸后放入鲫鱼蒸5分钟，取出葱段、姜丝，倒出盘中的水。

4 鸡蛋打散，加入步骤3中倒出的水，蛋液与水比例大约为1：1.4，若不够，需加入清水。然后加入白胡椒粉和盐拌匀，倒入鱼盘内，盖上保鲜膜。

5 将鱼盘放入蒸锅中开大火继续蒸8分钟，关火后再焖3~5分钟。

6 最后淋少许芝麻油和生抽调味，撒葱花点缀即可。

虾仁烧冬瓜

含糖量 **11.4g**　蛋白质含量 **38.8g**

食材（2人份）

鲜虾 ………………… 200g
冬瓜 ………………… 200g
生姜（切片）……… 10g
小葱（切葱花）… 少许

调料

生抽 ……………… 1大勺
花生油 ………… 1小勺
料酒 ……………… 1小勺
盐 ……………………… 少许

做法

1 鲜虾去掉虾头，剥去虾壳，挑去虾线。

2 冬瓜去皮、切块，入沸水煮至透明后捞出沥干水分。

3 锅中放油，油热后放入姜片爆香，放入虾头，用中小火煸出虾油后，捞出姜片和虾头。

4 将步骤1备好的虾放入虾油中翻炒一会儿，加入料酒、生抽继续翻炒均匀。

5 加入冬瓜，再加半碗温水，盖锅盖煮开。

6 转小火炖煮5分钟。加盐调味，出锅后撒葱花点缀即可。

Note !

冬瓜利尿消肿，膳食纤维含量非常高，具有改善血糖水平、降低体内胆固醇、降血脂等功效。而且冬瓜中含有丙醇二酸，可以抑制体内糖类转化为脂肪，防止脂肪堆积，预防高血压。

Note！

在一些需要炒出糖色的菜式中，比如红烧肉、烧牛肉等，将传统的冰糖、红糖等用含糖量为 0 的赤藓糖醇代替，既可以保留类似的口感又不会过多摄入糖分。

排骨烧鹌鹑蛋

食 材（2~3 人份）

猪肋排 ······················ 500g
鹌鹑蛋 ······················ 300g
胡萝卜 ······················ 100g

调 料

生抽 ···················· 1/2 大勺
老抽 ···················· 1/2 大勺
料酒 ························ 2 小勺
赤藓糖醇 ················ 2 小勺
盐 ······························ 适量

做 法

1 排骨放入冷水中，加料酒小火煮沸，捞出备用。鹌鹑蛋煮熟后放入冷水，待放凉后剥去外壳。

2 锅中放油，油热后放入肋排翻炒至微微焦黄，盛出备用。锅底留油。

3 锅中放赤藓糖醇翻炒出糖色，放入排骨，加生抽、老抽和盐，继续翻炒均匀。

4 胡萝卜切块后和鹌鹑蛋一起放入锅中，翻炒上色。

5 加入适量温水，大火煮开后，转小火炖煮20分钟即可。

蒜泥白肉

含糖量 **13.8g**　蛋白质含量 **55.7g**

食 材（2人份）

带皮五花肉 ……………… 400g
生姜（切片）……………… 10g

调 料

蒜末酱汁（P181）…… 3 大勺
料酒 ……………………… 1 大勺

做 法

1 将五花肉整块放入冷水锅，加料酒、姜片大火煮开，撇去浮沫，转小火煮至筷子可以轻松扎穿肉块。

2 捞出煮好的五花肉，过冷水降温，沥干水，切片装盘。

3 将蒜末酱汁直接浇在肉片上，或者用肉片蘸着酱汁吃都可以。

Note !

相比传统五花肉做法，这道菜用的调料不多，更低糖，做法更快捷。盘底可铺些黄瓜丝，配着吃清爽解腻。可以在煮完肉的汤里放些萝卜丝或娃娃菜做成蔬菜汤，再简单调味，也非常美味。

Note !

这道茄子烧豆角不用油炸，但是也比平时炒菜用油多。不油炸也能让茄子软烂的关键是腌制，腌制时间越长茄子越软。因为生抽和黄豆酱本身含盐，所以最后可以根据个人口味来决定是否放生抽。

茄子烧豆角

食材（2人份）

茄子 ………………………… 200g
豆角 ………………………… 150g
大蒜（切末） …… 2瓣（10g）
红辣椒 ………………… 1/2个

调料

黄豆酱 ………………… 1小勺
生抽 …………………… 1小勺
盐 …………………………… 少许
花生油 ………………… 1大勺

做法

1. 将茄子切成条状，撒少许盐腌制20分钟，挤掉多余水分，再冲洗两遍，沥干备用。
2. 豆角切段，锅内放油，油热后倒入豆角炒至表皮起皱，盛出备用，锅底留油。
3. 放入茄子，炒软后盛出备用，锅底留油。
4. 将红辣椒切碎，和蒜末一起放入锅中炒香。加入茄子、豆角继续翻炒，加入黄豆酱和生抽调味，翻炒均匀即可。

鸡丝杏鲍菇

含糖量 **12.2g**
蛋白质含量 **52.0g**

食 材（2人份）

鸡胸肉 ······ 200g
杏鲍菇 ······ 100g
大蒜（切末）···· 2瓣（10g）
生姜（切片）······ 15g
白芝麻 ······ 少许
香菜 ······ 少许

调 料

料酒 ······ 1小勺
生抽 ······ 2小勺
香醋 ······ 1小勺
花椒油 ······ 1小勺
盐 ······ 少许
花生油 ······ 少许

做 法

1 锅中加水放入鸡胸肉、料酒、姜片，煮沸后再煮10分钟，直至熟透。

2 将步骤1中煮过的鸡胸肉放入保鲜袋内，用擀面杖将其敲散成丝状（也可以用手撕）。

3 杏鲍菇切成丝，放入沸水中焯熟，捞起后沥干水。

4 将蒜末、生抽、香醋、花椒油和盐搅拌均匀，制成酱汁。

5 锅中倒少许油，油热后转中小火，倒入蒜末爆香，将步骤4中备好的酱汁倒入锅内，搅拌均匀。

6 将鸡胸肉与杏鲍菇放入盘中，加入步骤5中的酱汁，最后撒上香菜和少许白芝麻。

Note！

也可以用提前准备好的减糖酱汁（P180~181）直接淋上去，搅拌均匀即可。

Note！

花雕酒的独特风味很难用其他酒代替，因此这道菜一定要用花雕酒。另外，可以在煮排骨的汤里放一把上海青，做一个蔬菜汤，记得要撇去浮沫。

花雕肋排

食 材（2~3 人份）

猪肋排 ······················ 500g

调 料

花雕酒 ······················2 大勺
生抽 ························ 1 大勺
盐 ··························· 少许
料酒 ························ 1 小勺

做 法

1 排骨剁成段后放入锅中，加冷水和 1 小勺料酒，小火煮 30 分钟至肉质酥软，捞出沥干。

2 在排骨中加入花雕酒、生抽和盐调味，拌匀后腌制 30 分钟。

3 将腌制好的排骨装盘即可食用。

豆豉蒸排骨

含糖量 **11.3g**　蛋白质含量 **87.9g**

食 材（2人份）

猪肋排 …………………… 500g
大蒜（切末）…… 6瓣（30g）

调 料

料酒 …………………… 1小勺
干豆豉 …………………… 15g
生抽 …………………… 1小勺
蒸鱼豉油 ……………… 1小勺
赤藓糖醇 ………………… 5g
盐 …………………… 1/2小勺
白胡椒粉 ……………… 少许
花生油 ………………… 1大勺

做 法

1 排骨切小块放入冷水中，加料酒浸泡（至少泡15分钟），泡出血水，捞出后沥干。

2 在排骨中加入赤藓糖醇和少许花生油拌匀后静置30分钟。

3 豆豉用刀背拍扁，锅中放油，油热后放豆豉和蒜末，中小火煸炒出香味，关火加入生抽和蒸鱼豉油（没有可以不放），炒匀后出锅。

4 将步骤3中炒好的蒜末豆豉酱倒入排骨中，加入少许白胡椒粉和盐，拌匀后再腌制15分钟。

5 将排骨平铺在盘子中，水开后将排骨放入蒸锅，大火蒸20分钟左右即可。

Note！

传统的蒸排骨会用淀粉腌制，让肉质更嫩滑。减糖期间，改用花生油腌制，也能锁住水分。

丝瓜蒸虾仁

食 材（1~2 人份）

虾仁 ………………………… 160g
丝瓜 ………………………… 200g
大蒜（蒜末）…… 2 瓣（10g）

调 料

生抽 ……………………… 1 大勺
蚝油 ……………………… 1 小勺
白胡椒粉 ………………… 少许

做 法

1 丝瓜切段，将中间部分掏出，平铺在盘子中。

2 在蒜末中加生抽、蚝油制成酱汁。

3 取少许蒜末酱汁铺在丝瓜上，分别在每个丝瓜段上放一只虾仁，再浇少许酱汁在虾仁上。

4 蒸锅烧开水，将装有食材的盘子放入锅中，盖上锅盖大火蒸6分钟。

5 盘子取出，撒少许白胡椒粉即可。

蒜香排骨

含糖量 10.2g
蛋白质含量 93.1g

食 材（2~3 人份）

猪肋排 ······ 500g
大蒜（切末）······ 6 瓣（30g）
鸡蛋 ······ 1 个
白芝麻 ······ 少许

调 料

生抽 ······ 1 大勺
蚝油 ······ 1 小勺
白胡椒粉 ······ 少许
花生油 ······ 2 大勺

做 法

1 排骨切段，放入冷水中浸泡（至少泡 15 分钟），泡出血水，捞出后沥干水分。

2 在排骨中加入蒜末、生抽、蚝油和白胡椒粉，拌匀后腌制 30 分钟。

3 将鸡蛋打散，在腌好的排骨上裹上少许蛋液。

4 锅中放油，油热后放入排骨煎炸至两面金黄。

5 捞出装盘，撒上白芝麻点缀即可。

Note！

排骨腌制时间越长越入味，这道菜的传统做法会加淀粉，减糖期间用蛋液代替淀粉，可以做到既减糖又保留口感。

Note！

豆瓣酱很咸，根据个人口味决定是否放生抽。

青椒回锅肉

食 材（2~3 人份）

五花肉 …………………… 300g
青椒 ……………… 3 个(180g)
生姜(切片) ……………… 5g
大蒜(切片) ……… 1 瓣(5g)
干豆豉 …………………… 少许
蒜苗 ……………… 1 根(100g)

调 料

花生油 ………………… 1 大勺
豆瓣酱 ………………… 1 大勺
生抽 …………………… 1 小勺
赤藓糖醇 ………… 1/2 小勺

做 法

1 将整块五花肉放入冷水锅，加姜片大火煮开，撇去浮沫，转小火煮至筷子可以轻松扎穿肉块。

2 捞出煮好的五花肉，过冷水降温，沥干水，切片备用。

3 豆豉拍扁，青椒去籽、切小块备用。

4 锅中放油，加热后放入蒜片、豆豉，小火爆香。

5 放入五花肉煸炒至肥肉部分透明且微微卷起，再放入豆瓣酱翻炒上色，加入青椒、蒜苗继续翻炒。

6 最后加少许赤藓糖醇和生抽提味，翻炒均匀即可。

凉拌牛肉

含糖量 **11.0g**
蛋白质含量 **97.7g**

食材（2人份）

- 卤牛肉(P67) ………… 400g
- 黄瓜 ………… 100g
- 熟花生米 ………… 少许
- 香菜 ………… 少许
- 大蒜(切末) …… 3瓣(15g)
- 白芝麻 ………… 少许

调料

- 生抽 ………… 1小勺
- 香醋 ………… 1大勺
- 芝麻油 ………… 1小勺
- 盐 ………… 少许
- 辣椒油 ………… 少许

做法

1 卤牛肉切片，黄瓜切丝，香菜切碎，花生米碾碎。

2 将所有调料倒入小碗中，放入蒜末，搅拌均匀。

3 将牛肉、黄瓜丝、香菜装盘，浇上步骤2中调好的酱汁，撒上少许白芝麻点缀即可。

Note！

牛肉中富含蛋白质，其营养成分更容易被人体吸收。凉拌汁也可以直接用酸辣酱汁（P181）或口水鸡酱汁（P180）。

Note！

番茄牛腩是一道低糖且营养丰富的主菜。番茄的酸味恰到好处地中和了牛腩的肥腻，多吃点也不用担心。

番茄牛腩

食材（2~3人份）

牛腩 ………… 500g
番茄 ………… 2颗
生姜（切片） ………… 5g
大葱 ………… 1/2根

调料

花生油 ………… 1大勺
料酒 ………… 1大勺
生抽 ………… 1小勺
盐 ………… 少许
八角 ………… 1/2颗
桂皮 ………… 少许

做法

1 牛腩切成3cm见方的块状，番茄切小块，大葱切段备用。

2 锅中加适量水，放入1大勺料酒和1片姜，放入牛腩，开大火煮开后撇去血沫，捞出牛腩沥干备用。

3 锅中放油，油热后放葱段、姜片、八角和桂皮，中火爆香。

4 放入番茄炒至软烂出汁，再加入生抽、料酒和盐。

5 放入牛腩翻炒，加温水至没过牛腩，大火煮开后转小火炖30分钟左右至牛腩软烂即可。

冻豆腐娃娃菜煲

含糖量 **15.6g**　蛋白质含量 **46.0g**

食材（3~4人份）

- 五花肉 ······ 50g
- 冻豆腐 ······ 300g
- 娃娃菜 ······ 500g
- 虾米 ······ 20g
- 大蒜（切片）······ 2瓣（10g）
- 生姜（切片）······ 5g

调料

- 花生油 ······ 1大勺
- 生抽 ······ 1小勺
- 盐 ······ 适量

做法

1. 五花肉切片，娃娃菜切段，冻豆腐化冻后，挤去多余的水分。
2. 锅加热后放入花生油，将蒜片和姜片入锅爆香，再放入五花肉，炒至微微焦黄。
3. 加入虾米和娃娃菜，翻炒至娃娃菜变软。
4. 倒入一碗开水，水没过菜即可，大火煮开，转小火炖10分钟。
5. 放入冻豆腐煮至豆腐吸收大部分的汤汁，加生抽和盐调味即可。

Note！

冻豆腐可以在超市购买，也可以将北豆腐放入冰箱冷冻层自行冻制。

Note！

苦瓜具有清热解暑、生津除烦的功效，非常适合夏天食用。苦瓜中所含的苦瓜甙和苦味素都能起到增强食欲、健脾开胃的效果。另外，苦瓜中含有大量的维生素C，可以帮助人体增强免疫力。

酿苦瓜

食材（2人份）

- 苦瓜 ………… 200g
- 猪肉末 ………… 200g
- 鲜香菇 ………… 3朵
- 马蹄 ………… 1个
- 小葱 ………… 1/2根

调料

- 生抽 ………… 2小勺
- 蚝油 ………… 2小勺
- 料酒 ………… 1小勺
- 盐 ………… 少许
- 花生油 ………… 1大勺

做法

1 苦瓜切小段，掏空中间的瓤。小葱切成葱花，留出少许备用，其余切成末。

2 在肉末中加入马蹄碎、香菇碎、葱末，再加入盐以及生抽、蚝油、花生油、料酒各1小勺，搅拌均匀。

3 将拌好的肉馅填入苦瓜中。将剩余的生抽、蚝油加入少许清水，拌匀备用。

4 锅中放油，油热后将苦瓜放入锅中，小火慢煎，煎至金黄后翻面煎另一面，直至两面金黄。

5 将调好的酱汁倒入锅中，加盐，烧开后转中小火煮2分钟，翻面继续煮一会儿，装盘后撒上葱花点缀即可。

酿尖椒

含糖量 **14.5g**　蛋白质含量 **34.0g**

食材（1~2 人份）

尖椒………… 3 个(180g)
猪肉末 ……………… 200g
鲜香菇 ………………… 3 朵
马蹄 …………………… 1 个

调料

生抽………………… 2 小勺
蚝油 ……………… 2 小勺
料酒 ……………… 1 小勺
盐 ……………………… 少许
花生油 ……… 1/2 大勺

做法

1 尖椒竖着对半切开，去籽洗净沥干。将香菇、马蹄分别切碎。

2 在肉末中加入马蹄碎、香菇碎和盐，再加入生抽、蚝油、花生油、料酒各 1 小勺，搅拌均匀。

3 将拌好的肉馅填入青椒中。将剩余的生抽、蚝油加入少许清水，拌匀备用。

4 锅中放油，油热后将尖椒有肉的一面朝下放入锅中，小火慢煎，煎至金黄。

5 待尖椒煎至起皱，将调好的酱汁倒入锅中，烧开后转中小火煮 2 分钟，即可出锅。

Note！

尖椒有独特的清甜，煎完之后也可以直接装盘，不用跟酱汁一起煮也很美味，这样还可以少吃酱汁，更减糖。

含糖量
20.5g

蛋白质含量
44.2g

尖椒盐煎肉

食材（1~2人份）

五花肉 …… 300g
尖椒 …… 3个（180g）
干豆豉 …… 少许
大蒜（切末） …… 1瓣（5g）

调料

豆瓣酱 …… 1小勺
生抽 …… 1小勺
花生油 …… 1大勺

做法

1. 五花肉切薄片，尖椒切块，豆豉剁碎。
2. 锅中放少许油，油热后下五花肉煸出油脂。
3. 放入蒜末、豆豉、尖椒一起翻炒，炒出香味后，加入豆瓣酱继续翻炒。
4. 尖椒炒软后加入生抽，大火翻炒1分钟即可。

元宝茄子

含糖量 **23.8g** 蛋白质含量 **38.0g**

食材（2~3 人份）

茄子 ………… 2 个（400g）
猪肉末 ………………… 200g
香菇 ……………………… 4 朵
马蹄 ……………………… 1 个
大蒜（切末）… 4 瓣（20g）

调料

生抽 …………………… 2 小勺
料酒 …………………… 1 小勺
赤藓糖醇 ………… 1 小勺
花生油 ……………… 1 大勺
盐 ……………………… 1 小勺

做法

1 将香菇、马蹄分别切碎。将每个茄子均匀地切成三段。茄子侧面垫一根筷子，将每段茄子切成均匀的 6 片底部相连的厚片。

2 在肉末中加入切碎的马蹄碎、香菇碎和盐，再加入生抽、花生油、料酒各 1 小勺，搅拌均匀。

3 将调好的肉馅塞入茄子的缝隙，底部要塞紧实，否则容易散开。

4 将剩下的所有调料放入小碗中，加 1 小碗水拌匀备用。

5 锅中放油，油热后把酿好的茄段放入锅中煎至周边变色。

6 将步骤 4 中备好的料汁倒入锅中，中火煮开后转小火煮 5 分钟，收汁即可。

Note！

这道菜的关键是煸炒过的姜片和芝麻油缺一不可。可以不放赤藓糖醇。如果不喜欢姜的辛辣，可以减少用量。

姜母鸭

食材（2~3人份）

鸭肉 ………………………… 800g
生姜（切片） …………… 100g

调料

芝麻油 ………………… 1大勺
花生油 ………………… 1大勺
米酒 …………………… 2大勺
生抽 …………………… 1大勺
老抽 …………………… 1小勺
赤藓糖醇 ……………… 1小勺

做法

1 鸭肉剁成小块，然后放入冷水中煮沸，撇去浮沫，捞出洗净后沥干。

2 锅中放油，油热后下一半姜片炸至金黄，捞出备用。

3 在油锅中放入另一半姜片，爆炒出香味，然后加入鸭肉，煸炒出油至表皮微微发黄。

4 加入生抽、老抽和米酒，翻炒均匀，再放入步骤2中煸炒的姜片继续翻炒。

5 加入温水，以水量刚刚没过鸭肉为准。大火煮开后转小火焖煮至鸭肉软烂。

6 加入1小勺赤藓糖醇翻炒，转大火收汁，最后加入1大勺芝麻油翻炒，装盘即可。

小炒鸡腿肉

含糖量 **16.4g**

蛋白质含量 **85.6g**

食材（2人份）

鸡腿肉 ………………………… 400g
青椒 ………………………… 100g
大蒜（切末） ……… 4瓣（20g）
蒜苗 …………………… 1根（60g）

调料

豆瓣酱 …………………… 1小勺
花椒 ………………………… 少许
蚝油 …………………… 1/2小勺
干豆豉 ……………………… 少许
花生油 …………………… 1大勺

做法

1 将鸡腿肉切成小块，加入蚝油和少许花生油，腌制15分钟入味。

2 青椒去籽，切成条状，蒜苗切段备用。

3 锅中放油，油热后放入蒜末、花椒、豆豉爆香。倒入鸡腿肉炒至鸡肉变色，加入豆瓣酱，翻炒均匀。

4 加入青椒和蒜苗，继续翻炒2分钟即可。

Note！

蒸菜的制作很简单，也更能保留食材本身的味道。可以在上班前把腌制的食材放入冰箱冷藏，下班后直接蒸，非常方便。

咸蒸鸡腿

食 材（2 人份）

鸡腿 ……………… 2 个(600g)

调 料

料酒 ……………………… 2 大勺
生抽 ……………………… 1 小勺
盐 ……………………… 1/2 大勺
白胡椒粉 ……………… 少许

做 法

1 将料酒、生抽、盐、白胡椒粉放在小碗中搅拌均匀。

2 鸡腿切块后，用步骤 1 中调好的调料，腌制至少 1 小时。

3 蒸锅中加水，煮沸后放入装有鸡腿的盘子，盖上锅盖大火蒸 20 分钟即可。

酿豆腐

食 材（2人份）

北豆腐 …………………… 300g
猪肉末 …………………… 200g
鲜香菇 …………………… 3朵
马蹄 ………………………… 1个
小葱 ……………………… 1/2根

调 料

生抽 ……………………… 1大勺
蚝油 ……………………… 2小勺
料酒 ……………………… 1小勺
盐 …………………………… 少许
花生油 …………………… 1大勺

做 法

1 将香菇、马蹄分别切碎。小葱切成葱花，留出少许备用，其余切成末。

2 将豆腐均匀地切成六等份，用小勺在豆腐中间挖个洞。

3 在肉末中加入马蹄、香菇碎、葱末和盐，再加入生抽、蚝油、花生油、料酒各1小勺，搅拌均匀。将拌好的肉馅填入豆腐的洞中。

4 将剩余的生抽、蚝油加3大勺清水，拌匀备用。

5 锅内放油，油热后将豆腐有肉的一面朝下放入锅中，小火慢煎，煎至金黄后翻面煎另一面。

6 待两面煎至金黄后，将调好的酱汁倒入锅中，烧开后转中小火煮2分钟，翻面继续煮一会儿，装盘后撒上葱花点缀即可。

Note！

同样的肉馅和方法可以做出好多种菜品，比如酿苦瓜（P90）、酿尖椒（P91），还可以做酿香菇、酿节瓜等。

含糖量 **14.3g**

蛋白质含量 **60.6g**

木须肉

食材（2人份）

木耳（泡发）…… 40g
鸡蛋 …… 2个
黄瓜 …… 100g
胡萝卜 …… 50g
猪肉片 …… 100g

调料

生抽 …… 1小勺
盐 …… 少许
芝麻油 …… 1小勺
花生油 …… 1大勺

做法

1. 鸡蛋打散，胡萝卜、黄瓜切片，木耳切小块。
2. 锅中放油，油热后倒入鸡蛋液，炒熟后盛出备用。
3. 锅中放油，倒入肉片炒至变色，加入生抽翻炒均匀。
4. 锅中倒入胡萝卜、黄瓜继续翻炒，至胡萝卜变软。
5. 加入步骤2中的鸡蛋继续翻炒片刻，撒少许盐和芝麻油翻炒均匀即可。

梅干菜烧肉

含糖量 **27.1g**　蛋白质含量 **74.8g**

食 材（2~3人份）

五花肉 ················ 500g
梅干菜（干）········· 80g

调 料

料酒 ················ 1小勺
生抽 ················ 1大勺
老抽 ················ 1大勺
赤藓糖醇 ········· 1小勺
盐 ······················ 少许
花生油 ············ 1小勺

做 法

1 将五花肉切块，梅干菜至少泡发1小时，洗净后沥干水。

2 锅中放少许油，油热后放五花肉，煎至出油后，加赤藓糖醇翻炒至肉变色。

3 放入梅干菜及所有调料，翻炒均匀。

4 加1小碗清水，大火煮开，转小火炖煮40分钟，收汁即可。

Note！

传统做法需用大量的冰糖，含糖量很高，用赤藓糖醇代替冰糖使用，该菜就是一道健康的减糖菜肴。

Note！

炒合菜的常规做法用的是含糖量偏高的粉丝，这里用魔芋丝代替。

炒合菜

食材（2~3人份）

鸡蛋 ………………………… 1个
韭菜 …………… 1小把（50g）
绿豆芽 …………………… 100g
胡萝卜 ……………………… 50g
木耳（泡发） …………… 80g
魔芋丝 …………………… 150g
大蒜（切末） …… 2瓣（10g）

调料

生抽 ……………………… 1小勺
香醋 …………………… 1/2小勺
五香粉 ……………………… 少许
芝麻油 …………………… 1小勺
花生油 …………………… 1大勺

做法

1 将鸡蛋煎成蛋皮切丝，韭菜切段，木耳、胡萝卜切丝备用。

2 锅中放油，油热后爆香蒜末，加入胡萝卜丝、木耳丝翻炒均匀。

3 加入豆芽和魔芋丝继续翻炒，至胡萝卜丝变软。

4 将生抽、香醋和五香粉放入小碗中拌匀。

5 将步骤4中的调料倒入锅中一起翻炒，加入鸡蛋丝和韭菜炒至韭菜变软，最后加入芝麻油翻炒均匀即可。

芥末秋葵

含糖量 **9.8g**　蛋白质含量 **4.5g**

食材（1~2人份）

秋葵 ………………… 200g

调料

日本酱油 ……… 1大勺
芥末 ………………… 少许
盐 …………………… 少许

做法

1. 秋葵去蒂，锅中烧热水，放入秋葵、盐，中火煮2分钟左右，煮熟后捞出过冷水备用。
2. 在小碟子中倒入日本酱油，加少许芥末。
3. 可以将酱汁淋在秋葵上，也可以蘸食。

Note！

日本酱油分很多种，这里选用的是低糖的薄盐生抽，它的鲜度高、含盐量低，适合蘸食。如果没有日本酱油，也可以用味极鲜加少许凉开水拌匀，重点是降低咸度。

剁椒蒸茄子

食材（2人份）

茄子 …………… 1个(300g)
青剁椒(市售) …………… 40g
大蒜 ………………… 2瓣(10g)

调料

花生油 …………………… 10g
生抽 …………………… 1小勺
蚝油 ………………… 1/2小勺
赤藓糖醇 …………………… 2g

做法

1 蒸锅中加水煮沸，茄子洗净后切成条状，放入蒸锅，大火蒸8分钟至茄子软烂。

2 锅中放油，油热后放入蒜末、青剁椒，小火炒香，再加入生抽、蚝油、赤藓糖醇和少许水，炒成酱汁。

3 茄子摆盘前轻轻按压，挤掉多余水分。

4 茄子摆盘后将步骤2中备好的料汁浇上去，食用时搅拌均匀即可。

三杯杏鲍菇

含糖量 14.8g　蛋白质含量 3.8g

食材（2人份）

杏鲍菇 ………………… 200g
生姜（切片） …………… 10g
大蒜（切末） …… 1 瓣（5g）
白芝麻 ………………… 少许
罗勒叶 ………………… 少许

调料

芝麻油 ……………… 2 小勺
生抽 ……………… 1/2 大勺
料酒 ……………… 1/2 大勺
赤藓糖醇 ………… 1 小勺

做法

1 平底锅烧热后放芝麻油，再放姜片、蒜末，小火爆香。

2 杏鲍菇切滚刀块，倒入锅中，煸炒至微微泛黄，加入赤藓糖醇，小火翻炒至焦糖色。

3 放入生抽翻炒均匀，再加入料酒和 1 大勺水翻炒，中火煨 1~2 分钟。

4 加入罗勒叶和 1 小勺芝麻油，继续翻炒 1 分钟出锅，再撒上白芝麻即可。

Note！

用球生菜代替传统做法的卷饼，既减糖，口感也会更清爽，加入豆瓣酱可以增添风味。

球生菜鸡肉卷

食 材（2~3 人份）

鸡胸肉 …… 200g
球生菜 …… 150g
黄豆芽 …… 100g
黄瓜 …… 1/2 根

调 料

生抽 …… 1 小勺
蚝油 …… 1 小勺
花生油 …… 1/2 大勺
豆瓣酱 …… 1 大勺

做 法

1. 鸡胸肉用牙签扎小孔，加入生抽、蚝油腌制 2 小时。
2. 锅中放油，将鸡胸肉中火煎熟，放凉后切成条状。
3. 豆芽放入沸水中加少许盐焯 10 秒左右，断生后捞出沥干水分，黄瓜切丝。
4. 将生菜平铺在盘中，抹少许豆瓣酱，再依次放入鸡肉、黄豆芽、黄瓜丝，卷起即可食用。

Note！

干煸豆角传统做法需要油炸，在这里我们用少油慢煎的方法来制作，可以节约用油，同时避免摄入过多的油脂。

干煸豆角

食材（2人份）

豆角 ………………………… 250g
大蒜（切末） …… 3瓣（15g）

调料

花生油 ………………… 1大勺
生抽 …………………… 2小勺
盐 ………………………… 少许
干豆豉 ………………… 少许
花椒 …………………… 适量
干辣椒 ………………… 少许

做法

1 将豆角、干辣椒分别切段备用。

2 将炒锅加热后加入1大勺油烧热，放入豆角，转小火慢慢煸炒至豆角起皱，盛出备用，锅中留底油。

3 将蒜末放入锅中炒香，下辣椒段、花椒和豆豉继续翻炒。

4 倒入煸好的豆角段继续翻炒，最后加入1小勺生抽和少许盐调味，翻炒均匀即可。

蚝油西蓝花

含糖量 **15.2g**

蛋白质含量 **11.9g**

食 材（2人份）

西蓝花 ………………… 300g
大蒜(切末) …… 2瓣(10g)

调 料

蚝油 …………………… 2小勺
生抽 …………………… 1小勺
盐 ……………………… 少许

做 法

1 西蓝花切小朵，放入沸水中焯2~3分钟，捞出后沥干。

2 锅中放油，油热后放入蒜末爆香，再放入西蓝花翻炒均匀。

3 将生抽、蚝油、盐放入小碗中加少许清水，拌匀后倒入锅中。

4 大火翻炒至汤汁收干即可。

Note！

也可以用提前准备好的芝麻酱汁（P181）直接淋上去，搅拌均匀即可享用。

芝麻酱拌三丝

食材（1~2人份）

魔芋丝 ………………………… 200g
黄瓜 …………………………… 100g
绿豆芽 ………………………… 100g
大蒜（切末） ……… 2瓣（10g）

调料

芝麻酱 ……………………… 1大勺
芝麻油 ……………………… 1小勺
生抽 ………………………… 1小勺
白醋 ………………………… 1小勺
赤藓糖醇 …………………… 少许

做法

1 将魔芋丝、绿豆芽分别焯熟，捞出后沥干水分。

2 黄瓜切丝，和魔芋丝、绿豆芽一起装盘备用。

3 芝麻酱加入芝麻油搅拌调开，可以加入少许凉开水稀释。在调好的芝麻酱里加入蒜末、生抽、白醋、赤藓糖醇，搅拌均匀。

4 将步骤3中备好的酱汁倒在装盘好的魔芋丝、黄瓜丝和绿豆芽上，食用时搅拌均匀即可。

盐煎秋葵

含糖量 8.8g　蛋白质含量 3.6g

食材（1人份）

秋葵 ………………… 200g
白芝麻 ……………… 少许

调料

花生油 ………… 1大勺
盐 …………………… 少许

做法

1 秋葵去蒂，锅中放油，油热后放入秋葵，转中火，将秋葵煎至软嫩。

2 撒少许盐，调味装盘，撒上白芝麻即可。

Note！

盐煎的食物含糖量很低，比如盐煎西葫芦、盐煎番茄、盐煎洋葱，都是很不错的减糖食品。

Note！

睡前卤制，第二天吃会更入味。装盒后放入冰箱冷藏，下班后回来吃也非常方便省时。卤制的时间越长越入味。

糟凤爪

食材（1~2人份）

鸡爪 ························ 300g
生姜（切片）··············· 10g

调料

香糟卤 ······················ 1包

做法

1 鸡爪剪去指甲，并切成两段。

2 锅中加水，放入鸡爪和姜片，小火慢慢煮沸后再煮10分钟，将鸡爪捞出过冷水。

3 将过完冷水的鸡爪放入保鲜盒，加入香糟卤，盖上盖子放入冰箱冷藏4~5小时后即可食用。

蒜拌茄子

含糖量 **20.4g**　蛋白质含量 **6.1g**

食 材（2人份）

茄子 ………………………… 3个
大蒜（切末）… 4瓣（20g）

调 料

生抽 ………………… 1大勺
香醋 ………………… 1小勺
赤藓糖醇 ………………… 2g
花生油 ……………… 1大勺

做 法

1 蒸锅中加水煮沸，茄子洗净后切段，放入蒸锅，大火蒸8分钟至茄子软烂。

2 蒸茄子的同时，将蒜末放入小碗中，加入生抽、香醋和赤藓糖醇拌匀，制成酱汁。

3 炒锅中放入花生油，大火烧热后倒入步骤2中调好的酱汁中，制成蒜末酱汁。

4 茄子摆盘前轻轻按压，挤掉多余的水分。

5 茄子摆盘后，将步骤3中备好的蒜末酱汁浇在茄子上，食用时搅拌均匀即可。

Note！

蒸菜用油更少，而且蒸煮时可以腾出手做别的，方便又健康。

肉臊拌豆腐

含糖量 **16.3g**　蛋白质含量 **25.5g**

食 材（2 人份）

南豆腐 ················· 300g
猪肉末 ··················· 50g
彩椒 ······················ 20g
玉米粒 ··················· 20g
小葱 ······················ 少许

调 料

花生油 ·············· 1 大勺
生抽 ················· 2 小勺

做 法

1 将豆腐用厨房纸吸掉多余的水分，切成 4 等份。

2 将彩椒切成丁，小葱切成葱花。

3 在肉末中加入 1 小勺生抽、少许花生油拌匀。

4 锅中放油，油热后放入肉末爆香，加入彩椒与玉米粒，翻炒均匀。

5 加入 1 小勺生抽调味，再加入少许清水翻炒均匀，肉臊就炒好了。

6 将步骤 5 中炒好的肉臊均匀地浇在豆腐上，即可食用。

Note！

买盒装的南豆腐，不需要洗。如果是在菜市场买的南豆腐，需要用开水烫一下。豆腐低糖高蛋白，是很好的减糖食材。

Note！

传统的金沙南瓜含糖量太高，换成低糖的西葫芦，口感也非常好。

金沙西葫芦

食 材（2人份）

咸鸭蛋 ························ 3颗
西葫芦 ······················ 300g

调 料

花生油 ················ 1/2大勺

做 法

1. 西葫芦竖着对半切开，再切片。
2. 锅中刷一层薄油，将西葫芦片煎至两面微微变色，盛出备用。
3. 咸鸭蛋蒸熟，取出蛋黄并压碎，也可以直接用熟咸鸭蛋。
4. 锅中放少许油，油热后转中火，将蛋黄炒成沙。
5. 将煎好的西葫芦倒入锅中轻轻翻炒，至每片瓜身都沾上蛋黄，即可享用。

芝麻酱秋葵

含糖量 **15.9g**　蛋白质含量 **8.4g**

食 材（2人份）

秋葵 ………………………… 300g
白芝麻 ……………………… 少许

调 料

芝麻酱汁（P181）…… 2大勺

做 法

1 秋葵去蒂后放入水中，加盐，中火煮2分钟左右，煮熟后捞出，过冷水备用。

2 将芝麻酱汁淋在步骤1中的秋葵上，撒上白芝麻，即可食用。

蒜泥蒸豇豆

含糖量 **12.1g**　蛋白质含量 **6.3g**

食 材（1~2 人份）

豇豆 ………………………… 200g
大蒜（切末）………… 2 瓣（10g）

调 料

蒜末酱汁（P181）………… 2 大勺

做 法

1 将豇豆均匀地切成 5cm 左右的长段。

2 将豇豆装盘，撒上蒜末，上锅蒸 10 分钟左右至豇豆变软熟透。

3 将蒜末酱汁倒入蒸好的豇豆中，享用时搅拌均匀即可。

Note！

可以加入虾米或鸡蛋，增加这道菜的蛋白质含量，更好地做到减糖不减蛋白质。

姜汁菠菜

食 材（1~2 人份）

菠菜 ………………………… 250g
生姜（切末）…………… 少许

调 料

生抽 ……………………… 1 小勺
盐 ………………………… 少许
赤藓糖醇 ………………… 少许
花生油 …………………… 1 大勺

做 法

1 菠菜放入沸水中焯熟，捞出沥干，切段备用。

2 将姜末、生抽、盐和赤藓糖醇一起放入小碗，搅拌均匀。

3 锅中放油，油热后倒入调料碗中，搅拌均匀。

4 将步骤3调好的酱汁淋在菠菜上，即可食用。

含糖量 **14.3g**　蛋白质含量 **7.0g**

口水莴笋片

食 材（2~3 人份）

莴笋 …………………… 1 根（500g）
小葱 …………………………… 少许
香菜 …………………………… 少许
花生 …………………………… 少许
白芝麻 ………………………… 少许

调 料

口水鸡酱汁（P180）…… 2 大勺

做 法

1 莴笋切薄片，放入沸水中焯至断生，捞出后沥干。

2 将提前调好的水口鸡酱汁浇在莴笋上。

3 将花生碾碎，香菜、小葱切碎，和白芝麻一起撒在莴笋片上，即可食用。

葱油腐竹捞芥菜

含糖量 24.6g
蛋白质含量 62.4g

食材（1~2人份）

腐竹 ………………………… 100g
芥菜 ………………………… 200g
洋葱 ………………………… 80g
大蒜（切末）……… 3瓣（15g）

调料

生抽 ……………………… 1大勺
花生油 …………………… 1大勺
盐 ……………………………… 少许

做法

1 腐竹提前泡发。洋葱切丁，芥菜切大块备用。

2 芥菜放入沸水中，加盐焯熟后捞出，再放入腐竹焯至断生，捞出沥干。

3 锅中放油，油热后爆香洋葱、蒜末，倒入生抽，加少许热水煮开。

4 腐竹与芥菜装盘，淋上步骤3中备好的葱油汁，即可享用。

Note！

大火煎蛋可以做到外焦里嫩，这样的荷包蛋炒起来更好吃。鸡蛋特别适合减糖期间食用，同样的做法，可以用来炒莴笋、番茄等。

青椒炒荷包蛋

食 材（2~3 人份）

青椒 ················ 3 个（180g）
大蒜（切末）······· 2 瓣（10g）
鸡蛋 ···························· 3 个
干豆豉 ······················· 少许

调 料

生抽 ························ 1 小勺
盐 ······························ 少许
花生油 ····················· 1 大勺

做 法

1 青椒去籽切段备用。

2 锅中放油，油热后打入鸡蛋，大火煎至鸡蛋八分熟，盛出。待荷包蛋冷却后，切成大块。

3 锅底留油，油热后爆香蒜末和豆豉，放入青椒炒软。

4 加入切成大块的荷包蛋翻炒一会儿，加生抽和盐调味，装盘即可。

秋葵蒸蛋

含糖量 **5.9g**　蛋白质含量 **14.8g**

食材（2人份）

秋葵 ……………… 80g
鸡蛋 ……………… 2个

调料

生抽 ………… 1小勺
盐 ………… 1/2小勺
芝麻油 ………… 少许

做法

1 秋葵去蒂，横着切成5mm厚的片。

2 将鸡蛋打入碗中，并加140ml清水和盐，搅拌均匀后过筛，倒入较深的盘子中。

3 将切好的秋葵轻轻地放在蛋液中，盖上保鲜膜。

4 锅中加水煮沸，将盘子放入锅中，蒸8分钟后关火，再焖2分钟出锅。

5 淋上芝麻油、生抽调味，即可享用。

Note！

秋葵的横切面是星星的形状。秋葵蒸蛋不仅样子漂亮，而且口感兼具滑嫩与清脆，非常美味。

茄汁玉子豆腐

食材（2人份）

玉子豆腐 ………………… 300g
鲜香菇 …………………… 1朵
金针菇 …………………… 50g
番茄 ……………………… 100g

调料

生抽 ……………………… 1小勺
蚝油 ……………………… 1小勺
盐 ………………………… 少许
花生油 ………………… 1/2大勺

做法

1 玉子豆腐切段，香菇切片，番茄切小块，金针菇切段。

2 平底锅中放油，加热后放入番茄翻炒出汤汁，再加入香菇、金针菇，以及所有调料一起翻炒。

3 加入一小碗水继续煮，水开后放入玉子豆腐，中火煮2分钟左右，即可盛出享用。

萝卜丝煎蛋汤

食材（1~2 人份）

鸡蛋 ………………… 2 个
白萝卜 …………… 200g
虾皮 ………………… 少许
小葱 ………………… 少许

调料

盐 ……………………少许
白胡椒粉 ………… 少许
芝麻油 ……… 1/2 小勺
花生油 ……… 1/2 大勺

做法

1 白萝卜刨丝，小葱切成葱花，鸡蛋打散备用。

2 锅中放油，油热后倒入蛋液煎至两面金黄，加入虾皮翻炒一下，边炒边用锅铲切碎，盛出备用。锅底留油。

3 把萝卜丝倒入锅内翻炒至软，加入煎蛋碎和虾米，再加 2 杯清水煮开。

4 加盐、白胡椒粉，小火炖 5 分钟，出锅后淋芝麻油并撒上葱花。

含糖量 **11.3g**　蛋白质含量 **16.7g**

含糖量
6.4g

蛋白质含量
10.3g

芙蓉鲜蔬汤

食材（1~2人份）

鲜香菇 ························ 2朵
菠菜 ························ 100g
鸡蛋 ························ 1个
胡萝卜 ························ 20g
虾皮 ························ 少许

调料

花生油 ························ 1小勺
盐 ························ 少许

做法

1. 菠菜切段，香菇切片，胡萝卜切丝，鸡蛋打散备用。
2. 锅中放油，油热后加入胡萝卜丝和香菇片炒软，加入虾皮及1碗热水煮开。
3. 在锅中放入菠菜煮软，再倒入蛋液拌匀，加少许盐调味即可。

腌笃鲜

含糖量 **9.1g**　蛋白质含量 **85.9g**

食 材（1~2 人份）

金华火腿 ……… 80g
猪扇骨 ………… 200g
猪腿肉 ………… 100g
春笋 …………… 100g
木耳（泡发）…… 80g
炸猪皮（泡发）·· 30g

调 料

盐 ………………… 少许

做 法

1 猪腿肉切大块，跟扇骨一起放入冷水中，小火慢煮，时不时撇去浮沫。煮沸后将猪腿肉和扇骨捞出洗净后备用。

2 春笋切大块后焯水，火腿切小块备用。

3 汤锅内烧水，水开后放入所有食材，大火煮开后撇去浮沫，加盐，小火炖 2 小时即可。

Note！

猪腿肉和猪扇骨的含糖量都很低，但蛋白质含量非常高，是减糖期间十分推荐的家常菜。

Note！

将鸭肉去皮炖汤可以去除多余的脂肪，并且鸭肉的腥味大部分来自于鸭皮，去皮煲汤还可以去除腥味。

茶树菇炖鸭汤

食 材（1~2 人份）

茶树菇 …… 20g
红枣 …… 2 颗(10g)
鸭肉 …… 600g
生姜(切片) …… 15g

调 料

盐 …… 少许

做 法

1 茶树菇用开水泡发，洗净。

2 红枣洗净去核，用剪刀剪去鸭皮。

3 将所有食材放入炖盅，加入1000ml凉白开，加盖炖2小时。最后加适量盐调味即可。

Note！

糙米淀粉含量较普通大米低很多，因此可以在减糖期间吃，既方便又美味。如果家中电饭锅有煮糙米饭的功能，可以不用浸泡，按正常煮饭水量即可。

排骨焖糙米饭

食材（3~4人份）

- 糙米 …… 40g
- 香菇 …… 2朵(40g)
- 莴笋 …… 80g
- 排骨 …… 200g
- 胡萝卜 …… 50g
- 大蒜(切末) …… 2瓣(10g)

调料

- 生抽 …… 1大勺
- 蚝油 …… 2小勺
- 花生油 …… 1大勺

做法

1. 糙米提前浸泡1小时以上。莴笋、胡萝卜和香菇切丁。
2. 在排骨中加入蒜末、生抽、蚝油，混合腌制15分钟。
3. 锅中放油，油热后放入莴笋、胡萝卜和香菇丁翻炒1分钟，加入1小勺生抽和适量盐，翻炒均匀，盛出备用。
4. 糙米洗净后放入电饭锅，放入适量清水。
5. 将步骤3、步骤4的食材放入电饭锅中，按煮饭键煮熟即可。

鸡丝凉面

含糖量 **36.7g**　蛋白质含量 **45.3g**

食 材（1~2 人份）

鸡胸肉 …… 150g
西葫芦 …… 150g
荞麦面 …… 30g
魔芋丝 …… 50g
黄豆芽 …… 50g
胡萝卜 …… 80g
小葱（切葱花）…… 少许
白芝麻 …… 少许

调 料

料酒 …… 1 小勺
口水鸡酱汁（P180）…… 2 大勺

做 法

1 西葫芦竖着对半切开，去掉中间的瓤，将其他部分刨成细丝。胡萝卜切丝。

2 鸡胸肉冷水下锅，加料酒煮 10 分钟左右至熟透，然后捞出冲洗，晾凉后撕成丝。

3 豆芽去根洗净，和魔芋丝一起放入沸水中焯 1 分钟捞出沥干水分。

4 荞麦面煮熟，过冷开水后捞出沥干。

5 将所有的食材放入盘中，加入自己喜欢的酱汁拌匀，撒上白芝麻点缀即可。

Note！

可以用西葫芦和魔芋丝代替荞麦面，减糖又美味。

泡菜饼

含糖量 12.6g　蛋白质含量 27.9g

食材（1~2 人份）

鸡蛋 ………………… 3 个
泡菜 ………………… 50g
培根 ………………… 1 片
洋葱 ………………… 20g
韭菜 ………………… 30g
胡萝卜 ……………… 20g

调料

花生油 ……… 1/2 大勺
盐 …………………… 少许
白胡椒粉 ………… 少许

做法

1 将泡菜和培根切碎，韭菜切段，洋葱和胡萝卜切细丝，鸡蛋打散备用。

2 锅中放油，油热后倒入步骤 1 中所有食材翻炒，转小火将食材平铺在锅底。

3 蛋液中加盐、白胡椒粉拌匀，将蛋液缓缓倒入锅中，转中火慢慢煎至两面焦黄，翻面继续煎至金黄。

4 将煎好的饼切块装盘即可食用。

Note！
用鸡蛋代替面粉，低糖又美味。培根和泡菜都是咸的，因此要适量加盐。

Note !

想吃面食的时候，一样可以吃，只不过要提高膳食纤维和蛋白质的摄入量。加 1 个煎蛋和 1 杯美式咖啡，便是一顿完美的减糖午餐。

培根西蓝花炒贝壳面

食 材（1 人份）

西蓝花 ………………… 200g
贝壳面（干） ……………… 30g
培根 ……………………… 1 片
大蒜（切片） …… 2 瓣（10g）

调 料

橄榄油 ………………… 1 小勺
黑胡椒粉 ………………… 少许
盐 ………………………… 少许

做 法

1 西蓝花切小朵，培根切小段。

2 西蓝花放入沸水中，焯30秒后捞出沥干。

3 贝壳面放入开水中煮至透明，捞出过冷水，沥干备用。

4 锅中放油，油热后放入蒜片爆香，加入培根煸出油脂，倒入西蓝花和贝壳面，加1大勺煮贝壳面的汤，一起翻炒。

5 加入盐、黑胡椒粉翻炒均匀即可。

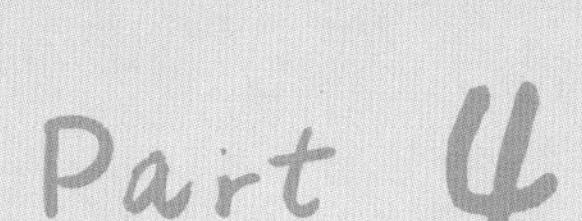

减糖晚餐

我们应该遵循“早吃饱、午吃好、晚吃少”的进餐原则。晚餐应尽量减少糖类、脂类和蛋白质的摄入。一般要求晚餐所供给的能量不超过全天膳食总量的 30%。可以把晚餐当作早餐和午餐的补充，早餐和午餐没有吃到的东西，晚餐可适当补充，使全天的营养摄入保持均衡。晚餐应保证两种以上的蔬菜，面食等主食可适量减少，适当吃一些粗粮。另外，晚餐的时间最好安排在晚上 6~7 点，8 点之后就不要再吃任何东西了。

大虾煮萝卜丝

食材（1~2人份）

大虾 ………………………… 200g
白萝卜 …………………… 100g
小葱（切葱花）………… 少许
生姜（切末）…………………… 5g

调料

盐 ……………………… 1小勺
花生油 ……………… 1大勺

做法

1. 大虾挑去虾线，白萝卜切丝。
2. 锅中放油，油热后放入大虾，中小火煎至虾壳变色，把虾捞出沥油备用。
3. 在锅中放入姜末煸炒，再倒入萝卜丝，翻炒至萝卜丝变软。
4. 放入煎好的大虾，加入适量开水，大火炖煮3分钟，加盐调味。
5. 装盘后撒上葱花即可。

莴笋虾仁

含糖量 **6.9g**　蛋白质含量 **33.7g**

食材（2~3 人份）

莴笋 ……………………250g
对虾 …………………… 300g
生姜（切丝）……… 少许
小葱 …………………… 少许

调料

盐 …………………… 1 小勺
料酒 …………… 1/2 小勺
白胡椒粉 ………… 少许

做法

1 对虾去虾头、虾壳和虾线，虾仁加少许白胡椒粉、料酒腌制 20 分钟，虾头备用。

2 莴笋切丁，放入沸水中焯 1 分钟，捞出沥干。

3 锅中放油，油热后放入虾头煸出虾油，取出虾头后放入姜丝爆香。倒入虾仁，加料酒、盐翻炒，加入莴笋继续翻炒。

4 出锅前撒少许白胡椒粉翻炒均匀，出锅后撒上葱花即可。

Note！

常规的做法是用豌豆炒虾仁，但是豌豆的含糖量非常高，改用含糖量低的莴笋，口感也非常鲜美。

泰式炒杂菜

食 材（2 人份）

芥兰 ………………………… 100g
卷心菜 …………………… 100g
胡萝卜 ……………………… 50g
香菇 ……………… 2 朵（40g）
洋葱 ………………………… 50g
虾米 ………………………… 20g

调 料

花生油 ……………… 1 大勺
鱼露 ………………… 1 大勺

做 法

1 芥兰切成 6cm 左右的长段，卷心菜切成 1cm 宽的丝，胡萝卜切片，分别放入沸水中焯 2 分钟捞出备用。

2 卷心菜切长条，香菇切厚片，洋葱切片，虾米在清水中浸泡 20 分钟捞出沥干。

3 锅中放油，油热后放入洋葱和虾米，开大火炒出香味后，再放入香菇和卷心菜炒软。

4 加入芥兰和胡萝卜继续翻炒，最后加入鱼露调味，翻炒均匀后即可出锅。

虾仁烩豆腐

含糖量 **17.1g**　蛋白质含量 **62.7g**

食材（2人份）

南豆腐 …………………… 200g
对虾 ………………………… 200g
香菇 ……………… 2朵（40g）
生姜（切丝）……………… 5g
小葱（切葱花）……… 少许

调料

盐 …………………… 1/2小勺
料酒 …………………… 1小勺
芝麻油 …………………… 少许
花生油 ……………… 1大勺
白胡椒粉 ……………… 少许

做法

1 南豆腐切块，香菇切片。对虾去虾头、虾壳和虾线，虾仁加料酒腌制10分钟，虾头备用。

2 锅中放油，油热后放入虾头煸出虾油，取出虾头后放入姜丝继续翻炒。

3 倒入香菇片、虾仁翻炒至熟，加入热水和切好的南豆腐，烧开后转小火继续煮2分钟。

4 加入盐、白胡椒粉和芝麻油调味，最后撒入葱花点缀。

含糖量
17.0g
蛋白质含量
36.3g

毛豆丝瓜煮虾米

食材（1~2 人份）

毛豆粒 ······················· 200g
虾米 ··························· 20g
丝瓜 ·························· 100g

调料

花生油 ······················ 1 大勺
盐 ······························ 少许

做法

1. 丝瓜去皮后切滚刀块。
2. 虾米在清水中浸泡 15 分钟，捞出后沥干，泡虾米的水留着备用。
3. 锅中放油，油热后放入虾米爆香，再加入毛豆粒翻炒，倒入泡虾米的水（约小半碗），大火煮开后转小火煮至毛豆变软。
4. 放入丝瓜，煮至丝瓜变软，加盐调味即可。

清蒸鲈鱼

含糖量 **3.4g**　蛋白质含量 **75.8g**

食 材（2人份）

鲈鱼 ····· 1条(400g)
香菜 ············ 1小把
小葱 ················ 1根

调 料

蒸鱼豉油 ····· 1大勺
花生油 ····· 1/2大勺

做 法

1. 鲈鱼处理完之后用厨房纸吸干水，沿脊背两侧各切一刀，让两侧较厚的鱼肉与脊骨分离。
2. 香菜、小葱切段，将葱白铺在盘子上垫在鱼肉下方。
3. 蒸锅烧开水后，将装有鱼的盘子放入锅中，盖锅盖大火蒸8分钟，关火取出。倒出盘子里多余的水，将葱绿段和香菜放在鱼身上，淋上蒸鱼豉油。
4. 锅中放油，油热后浇在鱼上即可享用。

Note！

脊背开刀可以让鱼身肉质最厚的部位与脊骨分离，这样蒸鱼时间短，更有利于保留鱼肉鲜嫩的口感。

Note！

金鲳鱼是深海鱼类中营养价值较高的一种鱼，除了富含蛋白质，它还含有多种不饱和脂肪酸，食用金鲳鱼可以有效降低血管内胆固醇的含量，从而起到降血压、降血脂的作用。

豆豉蒜末蒸金鲳鱼

食材（2人份）

金鲳鱼 ………… 1条（400g）
大蒜（切末） …… 2瓣（10g）
香菜 …………………… 1小把
小葱 ……………………… 1根

调料

蒸鱼豉油 ………… 1大勺
花生油 ……………… 1大勺
干豆豉 ……………… 少许

做法

1. 金鲳鱼处理完之后用厨房纸吸干水，沿脊背两侧各切一刀，让两侧较厚的鱼肉与脊骨分离。
2. 香菜、小葱切段，将葱白铺在盘子上垫在鱼下方。
3. 蒸锅烧开水后，将装有鱼的盘子放入锅中，盖锅盖大火蒸8分钟，关火取出。倒掉盘中多余的水，将葱绿段与香菜放在鱼身上。
4. 锅中放油，油热后放入蒜末与剁碎的豆豉爆香，再倒入蒸鱼豉油翻炒一会儿。
5. 将煮好的豆豉豉油浇在鱼上即可享用。

醉熟虾

含糖量 **20.3g**　蛋白质含量 **106.6g**

食材（2人份）

罗氏虾 ………… 500g
生姜（切片）…… 10g

调料

卤料包 ………… 1包
花雕酒 ………… 300g
生抽 …………… 100g
赤藓糖醇 …… 2大勺

做法

1 虾剪去虾须，放入沸水中，加姜片，煮熟后捞出。

2 另起一锅，放入生抽和赤藓糖醇，加半碗水和卤料包，大火煮开后转小火炖煮10分钟。

3 向煮完的卤水中倒入花雕酒拌匀，放凉。

4 将煮熟的虾放入放凉的花雕卤汁中，浸泡3~5小时即可享用。

* 装盘时，可用西蓝花等蔬菜装饰。

Note！

罗氏虾相对于其他虾类优势在于头部的肉比较多，蛋白质更丰富。如果没有罗氏虾，也可以用其他海虾来代替。

Note！

没有龙利鱼也可以用其他鱼片代替，用蛋清腌制是使鱼肉嫩滑的关键。

番茄豆腐鱼

食 材（2人份）

龙利鱼 …………………… 200g
南豆腐 …………………… 100g
番茄 ……………………… 200g
鸡蛋清……………1个(30g)
大蒜(切末) ……… 1瓣(5g)

调 料

白胡椒粉 ……………… 少许
盐 ……………………… 适量
花生油 ……………… 1大勺
生抽 ………………… 1小勺

做 法

1 将鱼肉切成小块，放入蛋清，加白胡椒粉和盐，拌匀后腌制10分钟。

2 豆腐切成和鱼肉大小一样的小块，番茄切丁。

3 锅中放水，煮沸后下豆腐焯1分钟捞出，再放入鱼块煮至八分熟后捞出。

4 将锅加热后放油，再放入蒜末炒香。倒入番茄丁，中火炒出汁。

5 在锅中加入适量清水和生抽，中火熬煮番茄汁至浓稠。

6 放入豆腐，煮开后再放入鱼块小火炖至入味。

含糖量
11.4g

蛋白质含量
50.0g

芦笋炒牛肉

食 材（2 人份）

芦笋 …………………… 200g
牛里脊 ………………… 200g

调 料

生抽 ……………… 1/2 大勺
黑胡椒粉 …………… 少许
花生油 ……………… 1 大勺

做 法

1 芦笋切成小段，放入沸水中煮 1~2 分钟，捞出后过凉水，沥干备用。

2 牛肉切片，加入少许生抽、花生油拌匀，腌制 20 分钟。

3 锅中放油，油热后倒入腌好的牛肉片，炒至牛肉变色后盛出，锅底留油。

4 放入芦笋翻炒一会儿，加入牛肉片继续翻炒。

5 加入生抽翻炒均匀，最后撒黑胡椒粉调味即可。

番茄肥牛

含糖量 **11.3g**　蛋白质含量 **82.9g**

食材（2人份）

肥牛卷 ………… 400g
番茄 ……………… 2个
大蒜 …… 2瓣(10g)

调料

生抽 ……… 1/2大勺
盐 ………………… 适量
花生油 ……… 1大勺
白胡椒粉 …… 少许

做法

1 肥牛卷放入沸水中，汆至变色后捞出沥干。番茄切丁备用。

2 锅中热油后放入大蒜爆香，加入番茄丁翻炒出汤汁，加入生抽翻炒均匀，再倒入一大碗热水，煮开。

3 在锅中放入肥牛卷，煮开后加适量盐、白胡椒粉调味即可。

Note！

煎鱼一定要有耐心，不要急于翻面，否则鱼肉很容易碎。

干煎大黄鱼

食 材（1~2 人份）

大黄鱼 ………… 1 条（400g）

调 料

盐 ……………………… 1 小勺
花生油 ……………… 1 大勺

做 法

1 大黄鱼处理完之后，在鱼身上均匀地涂抹少许盐，腌制 15 分钟后用厨房纸吸干多余的水。

2 锅中放油，油热后将鱼放入锅中，转中小火慢煎至贴近锅底的鱼肉变色，用锅铲轻轻推一下，鱼能轻易推动。

3 用锅铲轻轻把鱼翻面，煎至两面金黄，装盘即可。

干煸花椰菜

含糖量 **13.6g**　蛋白质含量 **21.7g**

食材（2~3人份）

花椰菜 …………………… 400g
五花肉 …………………… 100g
干辣椒 …………………… 3个
大蒜（切片）……… 2瓣（10g）

调料

生抽 …………………… 1小勺
料酒 …………………… 1小勺
花生油 ………………… 1小勺

做法

1. 花椰菜切小朵，五花肉切成片状。
2. 锅中放油，油热后放入五花肉炒出油脂，加干辣椒、蒜片炒出香味。
3. 倒入花椰菜，中火翻炒一会儿。
4. 加入生抽、料酒，继续中大火翻炒至花椰菜变软即可。

Note！

花椰菜不太容易熟，可以先焯一下，或在翻炒后加1大勺温水。不过利用油脂和中小火慢慢煸干，口感会更脆些。

Note！

橄榄菜本身就有咸味，出锅前可以视个人口味酌情加盐调味。

橄榄菜豆芽炒肉末

食 材（1~2 人份）

黄豆芽 ······················ 250g
橄榄菜 ····················· 2 大勺
猪肉末 ······················ 100g
大蒜（切末） ······ 2 瓣（10g）

调 料

生抽 ······················ 1 小勺
料酒 ······················ 1 小勺
花生油 ··················· 1 大勺

做 法

1 豆芽切段，在猪肉末中加入生抽、料酒、花生油，拌匀后腌制 15 分钟。

2 锅中放油，油热后放蒜末炒出香味，加入猪肉末炒至变色，盛出备用。

3 锅底留油，放入橄榄菜炒散，加入豆芽翻炒，炒至豆芽微微变软。

4 把步骤 2 中炒好的猪肉末倒入锅中，和豆芽一起翻炒均匀即可。

红烧冬瓜

含糖量 **13.5g**　蛋白质含量 **2.9g**

食材（2人份）

冬瓜 …………………… 400g
大蒜（切末）…… 2瓣（10g）
小葱（切葱花）……… 少许
干辣椒 …………………… 1个

调料

生抽 ………………… 1大勺
老抽 ………………… 1小勺
料酒 ………………… 1小勺
赤藓糖醇 …………… 1小勺
花生油 ……………… 1大勺

做法

1 冬瓜切大块，并在冬瓜块上划井字纹。干辣椒切段备用。

2 锅中放油，油热后将冬瓜有井字纹的一面朝下放入锅中，中火煎至冬瓜块变色，加入蒜末翻炒出香味。

3 加入其他所有调料，翻炒均匀，盖上锅盖中火焖煮3分钟。

4 打开锅盖，加入干辣椒翻炒均匀，装盘后撒上葱花即可。

Note！

这道菜不需要放水，冬瓜在炒的过程中会出水，中火焖煮即可。

Note！

节瓜的功效跟冬瓜类似，没有节瓜也可以用冬瓜代替。

节瓜粉丝煲

食 材（2~3 人份）

节瓜 ………………………… 500g
魔芋丝 …………………… 100g
虾米 ……………………………… 60g
大蒜（切末）…… 2 瓣（10g）
小葱（切葱花）………… 少许

调 料

生抽 …………………… 1 小勺
料酒 …………………… 1 小勺
盐 ………………………… 少许
白胡椒粉 ……………… 少许
花生油 …………… 1/2 大勺

做 法

1 节瓜切成粗丝，魔芋丝冲洗后沥干，虾米用温水泡软后沥干。

2 锅中放油，油热后放入蒜末炒香，倒入节瓜炒软，加入虾米，继续翻炒一会儿。

3 加入魔芋丝，放生抽、料酒、盐调味，倒入半碗温水，煮开后转小火焖 2 分钟。

4 大火收汁，撒上白胡椒粉、葱花即可。

手撕鸡

含糖量 **18.3g**　蛋白质含量 **165.1g**

食材（2人份）

鸡 ·········· 1/2只(800g)
香菜 ················ 1小把
白芝麻 ··············· 少许

调料

盐焗鸡粉 ············ 1包
芝麻油 ············ 1大勺
花生油 ············ 1大勺

做法

1 将半包盐焗鸡粉、1大勺花生油混合均匀，涂抹在鸡肉上，腌制至少1小时。

2 蒸锅内烧开水，将腌制好的鸡肉装盘放入锅中，大火蒸20分钟，取出放凉。

3 将鸡肉从骨头上撕下来，加入切成小段的香菜。

4 将剩下的半包盐焗鸡粉和1大勺芝麻油拌匀，倒入鸡肉中，拌匀装盘，撒上白芝麻即可。

Note！

豆角一定要焯熟，否则会有毒素。因为有咸蛋黄，所以不需要额外加其他调料了。咸蛋黄的含糖量非常低，但蛋白质含量比其他调料高许多，因此用咸蛋黄作为减糖期间的菜肴调味既可以控糖，又能补充蛋白质。

金沙豆角

食 材（1~2 人份）

豆角 ………………………… 150g
咸鸭蛋 ……………………… 3 颗

调 料

花生油 ……………… 1/2 大勺

做 法

1 豆角洗净切段，锅中加水煮沸，将豆角倒入，水开后煮 3 分钟至豆角变色后捞起，沥干水分备用。

2 咸鸭蛋蒸熟，取出蛋黄并压碎，也可以直接用熟咸鸭蛋。

3 锅中放少许油，油热后转中火，将蛋黄炒成沙。

4 将焯好的豆角倒入锅中轻轻翻炒，至每段豆角都沾上蛋黄即可出锅。

橄榄角蒸鳊鱼

含糖量 **9.4g**　蛋白质含量 **136.5g**

食 材（1~2 人份）

鳊鱼 …… 1 条（500g）
小葱 ……………… 1 根
橄榄角 …………… 20g
香菜 …………… 1 小把

调 料

蒸鱼豉油 …… 1 大勺
花生油 ……… 1 大勺

做 法

1 鳊鱼处理完之后用厨房纸吸干水，沿脊背两侧各切一刀，让两侧较厚的鱼肉与脊骨分离。

2 小葱、香菜切段，橄榄角切碎。将葱白铺在盘子中垫在鱼肉下方，将切好的橄榄角放在鱼身上。

3 蒸锅烧开水后，将装有鱼的盘子放入锅中，盖锅盖大火蒸 8 分钟，关火取出。倒出盘子里多余的水，将葱绿段和香菜放在鱼身上，淋上蒸鱼豉油。

4 锅中放油，油热后浇在鱼上，即可享用。

Note！

葱白垫底是为了让盘子和鱼之间有空隙，让鱼肉受热更均匀。切好的葱丝可以泡在水里，这样可以得到卷曲好看的形状。蒸鱼用花生油特别香，没有也可以用其他油代替。

含糖量
6.0g
蛋白质含量
83.3g

莴笋炒鸡丁

食 材（2~3 人份）

鸡腿肉 …… 400g
莴笋 …… 150g
大蒜（切末） …… 2 瓣（10g）

调 料

料酒 …… 1 大勺
生抽 …… 2 小勺
盐 …… 少许
白胡椒粉 …… 少许
花生油 …… 1/2 大勺

做 法

1 鸡腿肉去皮切小块，加入 1 小勺生抽、料酒、白胡椒粉腌制 15 分钟。莴笋切成丁。

2 锅中放油，油热后放入蒜末爆香，然后放鸡腿肉炒至变色。

3 加入莴笋丁、1 小勺生抽、1 大勺清水，继续翻炒至莴笋变软，转大火收汁，加盐调味即可。

银芽肉丝

含糖量 **6.9g**　蛋白质含量 **27.3g**

食 材（2~3 人份）

绿豆芽 ………………… 300g
韭黄 ……………………… 100g
猪里脊 ………………… 100g
小葱（切葱花）…… 少许

调 料

生抽 ………………… 1 小勺
料酒 ………………… 1 小勺
盐 ……………………… 少许
花生油 ………… 1/2 大勺

做 法

1 将绿豆芽、韭黄分别切段备用。

2 猪里脊肉切丝，加入料酒、生抽，腌制 15 分钟。

3 锅中放油，油热后倒入腌制好的肉丝翻炒至变色。

4 加入韭黄和豆芽，继续翻炒至豆芽变软，加少许盐翻炒均匀，出锅后撒少许葱花。

Note！

茭白含有丰富的营养价值并易于人体吸收，但由于含有较多的草酸，其钙质不容易被人体吸收，所以做之前用水焯一下，可以去掉多余的草酸。

油焖茭白

食 材（1~2 人份）

茭白 ························300g

调 料

生抽 ······················ 1 大勺
老抽 ······················ 1 小勺
花生油 ·················· 1 大勺

做 法

1. 茭白剥去外壳，切滚刀块。
2. 锅中加水，煮沸后倒入切好的茭白焯一下，捞出后沥干。
3. 锅中放油，油热后放入茭白，中火翻炒至茭白微微变软。
4. 加入生抽、老抽，继续保持中火翻炒至入味即可。

香菇肉片炒芹菜

含糖量 **11.3g**　蛋白质含量 **18.5g**

食材（2~3 人份）

香芹 ………………………… 250g
香菇 ……………… 2 朵（40g）
猪肉 ………………………… 100g

调料

生抽 ……………………… 1 小勺
盐 ……………………………… 少许
花生油 …………………… 1 大勺

做法

1 香芹切段，香菇切片，猪肉切成片。

2 锅内加水，煮沸后放入香芹焯 1~2 分钟，捞出后沥干。

3 锅中放油，油热后倒入肉片爆香。

4 倒入香菇片，炒至变软，再放入芹菜，一起翻炒 1 分钟。

5 加入生抽和盐调味，翻炒均匀即可出锅。

Note!

也可以用西芹代替香芹，香芹的叶子还可以用来凉拌（P168）。

西芹炒鱿鱼须

含糖量 **7.3g** 蛋白质含量 **36.7g**

食材（2~3 人份）

西芹 ························ 250g
鱿鱼须 ······················ 200g
生姜(切丝) ················· 10g

调料

花生油 ················· 1 大勺
料酒 ···················· 1 大勺
生抽 ···················· 1 小勺
盐 ························· 少许
白胡椒粉 ················ 少许

做法

1 将鱿鱼须和芹菜分别切成长度相同的长段。

2 锅中加水，放入姜丝和料酒，大火煮沸后放入鱿鱼须，焯 15 秒左右捞出，浸入冰水中。

3 锅中放油，油热后放入姜丝爆香。放入西芹翻炒至断生后，加入鱿鱼须继续翻炒片刻。

4 加入生抽、盐、白胡椒粉，翻炒均匀即可出锅。

什锦油豆腐

含糖量 13.7g　蛋白质含量 22.5

食材（1~2人份）

油豆腐 …………………… 100g
香菇 …………… 2朵(40g)
金针菇 ………………………50g
蟹味菇 ………………………50g
木耳(泡发) ……………… 50g
莴笋 …………………………50g
大蒜(切末) …… 2瓣(10g)

调料

生抽 …………………… 1小勺
蚝油 …………………… 1小勺
花生油 ………………… 1大勺

做法

1 油豆腐放在水中稍微泡一下，泡软后捞出沥干。

2 香菇切片，金针菇切段，木耳撕成小块，蟹味菇撕成小朵，莴笋切片。

3 锅中放油，油热后放入蒜末炒香，然后依次放入步骤2中备好的食材翻炒1分钟。

4 加入生抽、蚝油和油豆腐，加一点水，煮开后盖上锅盖，焖煮至汤汁黏稠，加盐调味即可。

Note！

通常这道菜是用高糖的面筋来做的，用含糖量较低的油豆腐来做口感相似，却能达到减糖效果。也可以加入腌制过的鸡腿肉或牛肉。

含糖量 19.8g

蛋白质含量 27.7g

小炒豆角丝

食材（2~3 人份）

豆角 ………………………… 300g
五花肉 …………………… 150g
大蒜（切末）…… 2 瓣（10g）

调料

生抽 …………………… 1 小勺
盐 ………………………… 适量
花生油 ………………… 1 大勺

做法

1 豆角斜着切丝，五花肉切片。

2 锅中放油，油热后放入五花肉，大火翻炒至五花肉边缘微微发黄。

3 倒入蒜末炒出香味，然后加入豆角丝炒软。

4 倒入生抽翻炒均匀，最后加入少许盐调味即可。

烤杂菜

含糖量 **19.7g**　蛋白质含量 **22.3g**

食 材（2人份）

胡萝卜 …………………… 50g
口蘑 ……………………… 50g
彩椒 ……………………… 50g
花椰菜 …………………… 50g
洋葱 ……………………… 50g

调 料

盐 ……………………… 1小勺
黄油 ……………………… 20g
黑胡椒粉 ……………… 少许
意大利混合香料…… 少许

做 法

1 将所有蔬菜切成大小均匀的块状。

2 将胡萝卜、花椰菜放入沸水焯2分钟后捞起备用。

3 黄油室温软化，与蔬菜拌匀，加黑胡椒粉、盐和少许意大利混合香料（没有可以不放）。

4 烤箱200°C预热10分钟，把蔬菜倒入烤盘中，用锡纸封口，放入烤箱烤20分钟。

5 去掉锡纸，再烤10分钟左右即可。

含糖量
49.0g

蛋白质含量
12.7g

芦笋百合炒白果

食材（2~3 人份）

芦笋 ……………………… 300g
木耳（泡发）……………… 50g
鲜百合 …………………… 50g
鲜白果 …………………… 50g

调料

盐 ………………………… 1 小勺
花生油 …………………… 1 大勺

做法

1. 芦笋切成约 3cm 的段，百合剥成瓣。
2. 锅中加水，煮沸后放入木耳、芦笋焯 1 分钟，白果焯 2 分钟。
3. 锅中放油，油热后放入鲜百合翻炒至透明。
4. 加入盐调味，再放入木耳、芦笋与白果继续翻炒 30 秒左右即可出锅。

金针菇娃娃菜

含糖量 **15.4g**　蛋白质含量 **10.3g**

食材（2~3 人份）

娃娃菜 ………………………… 250g
金针菇 ………………………… 200g

调 料

蒜末酱汁（P181） ……1 大勺

做 法

1 娃娃菜连着根部竖切开，放入沸水中焯 2 分钟，捞出沥干。

2 在盘子中铺上娃娃菜，再将金针菇铺在娃娃菜上。

3 将蒜末酱汁均匀地淋在金针菇上。

4 蒸锅中加水，煮沸后放入装有食材的盘子，盖锅盖大火蒸 15 分钟即可。

蚝油生菜

含糖量 12.3g　蛋白质含量 9.9g

食材（2人份）

生菜 ………………………… 500g
大蒜(切末) …… 4瓣(20g)

调料

生抽 …………………… 1小勺
蚝油 …………………… 2小勺
花生油 ……………… 1大勺

做法

1 生菜放入沸水中焯1分钟，捞出沥干。

2 将生抽和蚝油放入小碗中，加少许水搅拌均匀。

3 锅中放油，油热后倒入蒜末爆香，倒入步骤2中调好的酱汁，煮开后关火。

4 将步骤3中煮好的蒜末蚝油汁浇在生菜上即可食用。

杏鲍菇炒魔芋

含糖量 **16.1g**　蛋白质含量 **3.7g**

食材（1~2人份）

魔芋 …………………… 250g
杏鲍菇 ………………… 200g
大蒜（切末）…… 2瓣（10g）

调料

生抽 …………………… 1小勺
蚝油 …………………… 1小勺
盐 ………………………… 少许
花生油 …………… 1/2大勺

做法

1 将杏鲍菇、魔芋分别切块。

2 锅中放油，油热后下蒜末爆香，放入杏鲍菇炒软。然后加入魔芋块，继续翻炒。

3 将生抽和蚝油放入小碗中，加少许水搅拌均匀。

4 将步骤3中调好的酱汁倒入锅中翻炒均匀，最后加少许盐调味即可。

凉拌三丝

含糖量 **5.8g**　蛋白质含量 **1.8g**

食 材（1 人份）

魔芋丝 ………………… 100g
黄瓜 ………………………50g
胡萝卜 ……………………50g
大蒜（切末） ……… 1 瓣（5g）
白芝麻 ………………… 少许

调 料

生抽 ………………… 1 小勺
香醋 ………………… 1 小勺
赤藓糖醇 …………… 1 小勺
花生油 ……………… 1 小勺

做 法

1 魔芋丝放入沸水中焯 1 分钟左右，捞出后沥干。

2 将生抽、香醋、赤藓糖醇、蒜末放入小碗。锅中放油，油热后倒入小碗，搅拌均匀后备用。

3 黄瓜、胡萝卜切丝，与魔芋丝混合装盘。

4 将步骤 2 中调制好的酱汁倒入盘中，撒上白芝麻即可。

手撕卷心菜

含糖量 **15.6g**　蛋白质含量 **19.7g**

食材（1~2人份）

卷心菜 ………… 300g
大蒜 …… 2瓣(10g)
五花肉 ………… 80g

调料

花椒 ………… 少许
生抽 ………… 1小勺
香醋 ……… 1/2小勺
盐 ………… 少许
干辣椒 ………… 1个

做法

1 卷心菜用手撕成小块，五花肉切片。

2 锅中放油，油热后放入五花肉，用中火煸炒出油，加入大蒜、干辣椒与花椒爆香。

3 取出大蒜、干辣椒、花椒后，放入卷心菜，大火翻炒至变软。

4 加入生抽、盐、香醋调味，翻炒均匀即可。

含糖量
30.8g

蛋白质含量
42.9g

Note！

烤麸中植物蛋白含量很高。这道菜的传统做法会加入花生，用含糖量较低的香菇代替花生，既减糖，又丰富了营养。

四喜烤麸

食 材（1~2 人份）

烤麸 ………………………… 150g
木耳（泡发）……………… 30g
黄花菜 ……………………… 50g
香菇 ………………… 2 朵（40g）

调 料

生抽 …………………… 1 大勺
老抽 …………………… 1 小勺
赤藓糖醇 ……………… 1 小勺
芝麻油 ………………… 1 大勺
花生油 ………………… 2 大勺

做 法

1 将烤麸、黄花菜用温水泡发。烤麸撕成适口大小，香菇切块，黄花菜切段，木耳撕成小块。

2 烤麸放入沸水中焯约 2 分钟，捞出后晾凉并挤干水。

3 锅中放油，放入烤麸煸炒至表面微微发黄，盛出备用。

4 锅中再放少许油，放入木耳、香菇、黄花菜翻炒片刻，再加入烤麸继续翻炒。

5 将生抽、老抽、赤藓糖醇倒入碗中，加入少许温水搅拌均匀，然后倒入锅中一起翻炒。

6 大火收汁，出锅前淋少许芝麻油，翻炒均匀即可。

菠菜拌魔芋丝

食 材（1~2 人份）

菠菜 ………………………… 100g
魔芋丝 …………………… 200g

调 料

酸辣酱汁（P181）…… 1 大勺

做 法

1 菠菜切段，放入沸水中焯熟，捞出沥干。

2 魔芋丝放入水中，待水再次沸腾后捞出，沥干水后与菠菜一起装盘。

3 最后浇上酸辣酱汁，搅拌均匀即可食用。

含糖量 **4.5g**

蛋白质含量 **3.4g**

Note！

鲜冬笋和鲜冬菇低脂高纤维，是减糖期间的好食材，味道还非常鲜美。

烧双冬

食材（1~2人份）

鲜冬菇 …… 100g
鲜冬笋 …… 200g

调料

生抽 …… 1大勺
料酒 …… 1大勺
赤藓糖醇 …… 1小勺
盐 …… 少许
花生油 …… 1小勺

做法

1 冬笋去皮切块，放入沸水中焯5分钟，捞出后沥干。冬菇切块备用。

2 锅中放油，油热后加入冬笋和冬菇翻炒。

3 加入生抽、料酒、赤藓糖醇，再加1小碗水，大火煮开后，转小火焖煮入味。

4 大火收汁，加盐调味即可出锅。

清炒茭白丝

含糖量 16.7g　蛋白质含量 4.1g

食材（1~2人份）

茭白 ……………………150g
杏鲍菇 ………………… 150g
大蒜（切末）……… 1瓣（5g）
小葱（切葱花）……… 少许

调料

花生油 ……………… 1大勺
盐 ………………………… 少许

做法

1 将茭白和杏鲍菇分别切成均匀的细丝。

2 锅中放油，油热后放入蒜末爆香，然后放杏鲍菇丝炒至变软。

3 倒入茭白丝继续翻炒，加盐调味。

4 关火后，加葱花翻炒均匀即可装盘。

清炒紫甘蓝

含糖量 **15.1g**

蛋白质含量 **3.2g**

食 材（1~2 人份）

紫甘蓝 …………………… 200g
大蒜（切末）…… 2 瓣（10g）

调 料

生抽 …………………… 1 小勺
盐 ………………………… 少许
花生油 ……………… 1 大勺

做 法

1 将紫甘蓝均匀地切成粗丝。

2 锅中放油，油热后放入蒜末爆香，加入紫甘蓝，大火翻炒至紫甘蓝变软。

3 加入生抽和盐，翻炒均匀即可。

芹菜叶拌虾米

含糖量 **8.9g**　蛋白质含量 **29.7g**

食 材（1~2 人份）

- 芹菜叶 ………………… 200g
- 虾米 ……………………… 40g
- 鸡蛋 ……………………… 1 个

调 料

- 生抽 ………………… 1 小勺
- 香醋 ……………… 1/2 小勺
- 赤藓糖醇……… 1/2 小勺
- 花生油 ……………… 1 大勺

做 法

1 虾米浸泡 15 分钟，捞出切碎。鸡蛋打散备用。

2 芹菜叶放入沸水中焯熟捞出，放凉后挤去多余的水，切成芹菜碎。

3 锅烧热后放少许油，倒入蛋液煎成蛋皮，盛出放凉后切碎。锅中再加少许油，放入虾米，爆香后盛出。

4 将鸡蛋碎、虾米和芹菜碎放入盘中，搅拌均匀。

5 将生抽、香醋、赤藓糖醇放入步骤 4 备好的食材中，搅拌均匀即可。

含糖量
32.4g
蛋白质含量
5.7g

虎皮尖椒

食材（2~3 人份）

尖椒 ················ 8 个(480g)
大蒜(切片) ······· 2 瓣(10g)

调料

香醋 ······················ 1 大勺
生抽 ······················ 1 大勺
料酒 ······················ 1 大勺
花生油 ··················· 1 大勺
盐 ·························· 少许

做法

1 尖椒去蒂，将辣椒籽掏空备用。

2 将生抽、香醋、料酒、盐放入小碗中，搅拌均匀。

3 锅中放油，油热后放入尖椒中火煎制。煎的过程中用锅铲按压尖椒，并不时将尖椒翻面，使之均匀受热，煎至两面出现虎皮纹后盛出备用，锅底留油。

4 锅中放入蒜末爆香，再将尖椒放入，倒入调好的料汁，大火翻炒入味，即可出锅。

尖椒皮蛋

含糖量 **17.3g**　蛋白质含量 **36.0**

食材（2~3 人份）

尖椒 ················ 1 个(60g)
皮蛋 ························· 4 个
大蒜(切末) ····· 2 瓣(10g)

调料

生抽 ······················ 1 大勺
香醋 ······················ 1 小勺
盐 ··························· 少许
赤藓糖醇 ············ 1 小勺
花椒油 ···················· 少许

做法

1. 用做虎皮尖椒的方法（P168）将尖椒煎出虎皮纹，不放调料，晾凉后切碎。
2. 将蒜末、生抽、香醋、赤藓糖醇、花椒油、盐搅拌均匀，做成料汁。
3. 皮蛋剥壳冲洗后切开，摆入盘中，将切好的虎皮尖椒碎铺在皮蛋上，浇上步骤 2 中调好的料汁即可。

小海鲜冬瓜汤

食材（3~4人份）

蛤蜊 …………………… 300g
鲜虾 …………………… 200g
冬瓜 …………………… 400g
小葱 …………………… 少许

调料

料酒 ……………… 1大勺
盐 ………………………… 少许
白胡椒粉 …………… 少许

做法

1 蛤蜊冲洗干净后沥水。鲜虾洗净后去掉虾壳、挑去虾线。

2 冬瓜去皮切成粗条，小葱切成葱花。

3 锅中加2大碗水，放入冬瓜条，大火煮沸后转小火焖煮5分钟。

4 将虾仁与蛤蜊倒入锅中，加入料酒，大火煮至蛤蜊开口。

5 加入盐与白胡椒粉调味，撒上葱花即可。

含糖量 23.6g
蛋白质含量 168.7g

Note！

蛤蜊和虾本身带有咸味，盐要少放。也可以用鲜鱿鱼、牡蛎、白贝等其他小海鲜来煮。

含糖量
17.3g

蛋白质含量
92.8g

萝卜丝鲫鱼汤

食 材（3~4 人份）

鲫鱼 …………………… 1 条（500g）
白萝卜 …………………… 300g
香菜 …………………… 1 棵
小葱（切葱花）…………… 少许
生姜（切片）…………… 5g

调 料

盐 …………………… 少许
白胡椒粉 …………………… 少许
花生油 …………………… 1 大勺

做 法

1 白萝卜刨成丝，香菜切长段。

2 平底锅中放油，油热后放入鲫鱼，中火慢煎至两面焦黄。

3 汤锅中倒入 2 大碗水和姜片，煮沸后放入鲫鱼炖煮 10 分钟。

4 在汤锅中放入白萝卜丝，继续炖煮 20 分钟，至汤汁乳白。

5 加入白胡椒粉和盐调味，最后放入葱花和香菜。

虾滑豆瓣菜汤

含糖量 **15.5g**　蛋白质含量 **102.5g**

食材（3~4人份）

对虾 ……………… 500g
鸡蛋 ……………… 1个
豆瓣菜 ………… 100g

调料

花生油 ……… 1小勺
白胡椒粉 ……… 少许
盐 ………………… 少许

做法

1 敲开鸡蛋，将蛋黄和蛋清分离，分别搅拌均匀。对虾去虾头、虾壳和虾线，取出虾仁备用。

2 虾仁用刀背剁成泥，加入鸡蛋清、白胡椒粉、花生油（少许）和盐，顺时针方向搅拌2分钟。

3 锅中加水，煮开后转小火，用勺子蘸清水，然后取少许虾滑，将勺子沿碗壁收拢至碗口，将肉馅整理成球形，放入锅中。

4 待所有虾滑都做成虾丸下锅后，开大火煮至丸子浮起，变色。

5 加入豆瓣菜开大火煮2分钟，加入白胡椒粉、盐调味即可。

含糖量
10.6g

蛋白质含量
69.9g

青菜汆芙蓉丸子

食材（2~3人份）

- 梅头肉 …… 400g
- 鸡蛋 …… 1个
- 上海青 …… 200g
- 生姜（切末） …… 5g

调料

- 盐 …… 少许
- 白胡椒粉 …… 少许
- 芝麻油 …… 少许
- 淀粉 …… 1小勺

做法

1. 鸡蛋打散，梅头肉剁碎，加入姜末、蛋液、盐、白胡椒粉调味。
2. 在肉馅中加入少许水，顺时针搅拌1分钟，加入淀粉，继续搅拌1分钟。
3. 锅中加水，煮开后转小火，用勺子蘸清水，然后取少许肉馅，将勺子沿碗壁收拢至碗口，将肉馅整理成球形，放入锅中。
4. 待所有肉馅都做成丸子下锅后，开大火煮至丸子浮起，变色。
5. 加入上海青开大火煮2分钟，出锅前加少许盐、芝麻油调味即可。

丝瓜菌菇汤

含糖量 **7.5g**　蛋白质含量 **4.3g**

食材（1~2 人份）

丝瓜 ……………… 150g
蟹味菇 …………… 50g
金针菇 …………… 50g
香菇 …… 2 朵（40g）

调料

花生油 ……… 1 小勺
盐 ………………… 少许

做法

1 丝瓜切小块，香菇切片，蟹味菇、金针菇撕开，鸡蛋打散备用。

2 锅中放油，油热后放入丝瓜翻炒至变软，再加入所有菌菇一起翻炒。

3 锅中加 1 大碗清水，大火煮沸后加少许盐调味即可享用。

含糖量
2.1g

蛋白质含量
85.1g

海带排骨汤

食 材（2~3 人份）

海带（泡发） ··············· 100g
猪肋排 ······················ 500g

调 料

盐 ···························· 少许

做 法

1 海带切段，排骨用凉水浸泡出血水备用。

2 锅中加水，煮沸后放入排骨和海带。

3 大火再次煮沸后撇去浮沫，小火炖煮 1 个小时。

4 出锅前加盐调味即可。

菜肉馄饨

食材（3人份）

上海青 ………………… 200g
猪肉末 ………………… 100g
鸡蛋 …………………… 1个
馄饨皮……… 12张(60g)

调料

盐 ……………………… 3g
生抽 ………………… 1小勺
白胡椒粉 …………… 少许

做法

1 将上海青放入沸水中焯一下，挤干多余的水，切碎备用。

2 将猪肉末与切碎的上海青放入碗中，打入一个鸡蛋，加白胡椒粉、生抽、盐和少许清水，搅拌拌匀。

3 在每张馄饨皮上放25g左右馅料，然后包好。

4 在锅中加水，煮沸后放入包好的馄饨煮至浮起即可，其间可以加一次冷水。

含糖量 **40.3g**　蛋白质含量 **34.6g**

Note！

也可以用提前蒸好的藜麦饭。藜麦和大米按照 3∶1 的比例提前蒸好，分装后放入冰箱冷冻，吃的时候直接拿出来煮即可，无须解冻，而且藜麦饭冷冻后含糖量会降低，既简单方便，又更加减糖。

藜麦菜泡饭

食 材（2~3 人份）

- 上海青 ………… 80g
- 胡萝卜 ………… 30g
- 猪肉末 ………… 80g
- 香菇 ………… 1 朵（20g）
- 藜麦 ………… 30g
- 大米 ………… 10g

调 料

- 白胡椒粉 ………… 少许
- 花生油 ………… 1 小勺
- 料酒 ………… 1 小勺
- 黄豆酱 ………… 1 小勺

做 法

1. 将藜麦和大米加水煮熟。
2. 上海青、胡萝卜切碎，香菇切薄片或切丁备用。
3. 锅内放少许油，油热后加入肉末炒散，再放入步骤 2 中备好的香菇和胡萝卜炒软，倒入少许料酒翻炒均匀。
4. 锅中加水煮沸，放入藜麦饭、上海青碎，拌匀，大火煮沸转小火至上海青煮软。
5. 关火前加白胡椒粉和黄豆酱调味。

冬瓜肉末燕麦汤饭

含糖量 34.7g　蛋白质含量 17.0g

食材（2~3人份）

冬瓜 ………………… 100g
猪肉末 ……………… 80g
芹菜 ………………… 50g
燕麦 ………………… 40g
大米 ………………… 10g

调料

白胡椒粉 ……… 少许
花生油 ……… 1小勺
生抽 ……… 1/2小勺
料酒 ………… 1小勺
盐 ………………… 少许

做法

1 将燕麦和大米加水煮熟。

2 冬瓜切小丁，芹菜切成末。

3 锅内放油，油热后加入肉末，用中火炒散，加入料酒、生抽，继续翻炒。

4 倒入冬瓜丁，炒软后加热水，大火煮沸后转小火炖15分钟。

5 倒入燕麦饭，煮沸后加白胡椒粉、盐、芹菜末，调味装碗。

Note！
燕麦饭也可以提前蒸好，放入冰箱随吃随取。燕麦和大米的比例是4∶1。

减糖酱汁

油泼辣子

含糖量 11.4g　蛋白质含量 5.4g

食材

白芝麻……少许

调料

辣椒面……30g

花椒……10g

盐……2g

菜籽油……3大勺

做法

1 冷锅放油，放入花椒粒烧热炸香。花椒可以捞出来，也可以不捞，看个人喜好。

2 在辣椒面中加入少许盐和白芝麻拌匀。

3 将热油分三次，每次间隔半分钟倒入辣椒面，泼出香味。

Note！

菜籽油更能激发辣椒的香味。可用于调制口水鸡酱汁，酸辣酱汁中加入油泼辣子也能增添辛辣的风味。油泼辣子的保存期很长，一次多做些装入玻璃罐装中，可保存 2 个月。

口水鸡酱汁

含糖量 10.9g　蛋白质含量 4.8g

食材

大蒜（切末）……4瓣（20g）

生姜（切末）……10g

小葱（切葱花）……1根（10g）

调料

香醋……1小勺

生抽……2大勺

赤藓糖醇……1小勺

油泼辣子……2大勺

芝麻油……1小勺

花椒油……少许

做法

1 将所有食材和调料放入小碗中，搅拌均匀。

2 加1大勺鸡汤或清水继续搅拌均匀即可。

Note！

这款酱汁不仅适合拌鸡肉，还适合用来凉拌根茎类蔬菜，比如莴笋、莲藕等，但尽量选择含糖量低的蔬菜。最好在 2 天内吃完。

芝麻酱汁

含糖量 8.0g　蛋白质含量 8.9g

食材

大蒜(切末)……2瓣(10g)

调料

芝麻酱……2大勺
芝麻油……1大勺
生抽……1大勺
香醋……1小勺
赤藓糖醇……少许

做法

1 芝麻酱加入芝麻油搅拌调开,可以加入少许凉开水。

2 在调好的芝麻酱里,加入蒜末、生抽、香醋和赤藓糖醇,搅拌均匀。

酸辣酱汁

含糖量 9.0g　蛋白质含量 2.5g

食材

小米辣……2个(15g)
大蒜(切末)……4瓣(20g)

调料

生抽……2小勺
香醋……1小勺
蚝油……1小勺
花椒油……1小勺
盐……少许

做法

1 将小米辣切碎备用。

2 生抽、香醋、蚝油、花椒油和盐混合,搅拌均匀。放入切碎的小米辣和蒜末。

3 锅内倒入少许油,油热后倒入步骤2中的拌料,激发出蒜末和辣椒的香味。搅拌均匀即可。

蒜末酱汁

含糖量 9.2g　蛋白质含量 2.7g

食材

小葱(切葱花)……1根(10g)
大蒜(切末)……6瓣(30g)

调料

生抽……1大勺
香醋……1小勺
赤藓糖醇……2g
花生油……1大勺

做法

1 将葱花和蒜末放入小碗中,加入生抽、香醋和赤藓糖醇拌匀,制成调料。

2 锅中放油,油热后倒入调料碗,拌匀成蒜末酱汁。

Note!

这款酱汁适合做凉拌菜和各种白灼蔬菜。一次可以多做一些,放进密封罐,可冷藏保存1周,时间太长蒜末容易发酵,但依然好吃哦。

Part 5

减糖甜点、饮品

减糖期间也不能亏待自己的嘴巴。如果想吃甜点或者喝甜饮料，那就试着自己在家动手做吧！相比市售的甜点和饮品，自己做更能控制糖类的摄入。

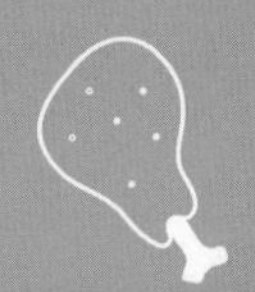

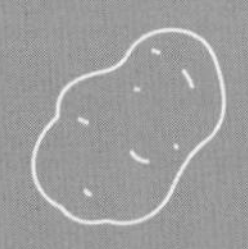

含糖量 **2.5g**　蛋白质含量 **7.2g**

柠檬蛋白酥

食材（4个）

柠檬皮碎 ………………… 15g
鸡蛋清 …………… 2个(60g)

调料

赤藓糖醇 ………………… 25g
香草精 …………… 5g(可选)

做法

1. 将蛋清放入大碗中，分三次加入赤藓糖醇，用电动打蛋器打至发泡。（每放一次糖醇快速搅打一次，直至蛋清发泡至能拉起尖尖的头而不倒塌。）
2. 在打好的蛋白霜中加入柠檬皮碎和香草精，画“Z”字形搅拌均匀。
3. 将调制好的蛋白霜倒入烤碗，高高堆起，送入烤箱，调至200°C上下火烤5~7分钟，至外层焦黄即可。

Note！

柠檬洗干净后，用锉刀锉下柠檬皮碎末。

杏仁曲奇

含糖量 46.4g　蛋白质含量 26.3g

食材（18个）

黄油 …… 55g
杏仁粉 …… 90g
鸡蛋 …… 1个
杏仁 …… 40g

调料

赤藓糖醇 …… 25g

做法

1 黄油软化（不用太软，用手指能捏动即可）后加入鸡蛋，用打蛋器搅打至微微发白。

2 将杏仁粉和赤藓糖醇混合均匀。

3 将步骤2中的粉加入步骤1中搅拌均匀，分成均匀的小份，搓成小球放入垫了烤箱用纸的烤盘。

4 在每个小球中间放一粒杏仁，稍稍按压，以免脱落。

5 烤箱预热160°C，上下火烤制20分钟，烤至表面金黄即可。

Note！

用杏仁粉代替低筋面粉是低糖烘焙中常用的方法，这样做出的杏仁曲奇香气浓郁，口感也非常好。

巧克力酸奶冰激凌

食 材（4 人份）

自制希腊酸奶（P192）…… 150g
生奶油 …… 100g
纯可可粉 …… 2 大勺

调 料

赤藓糖醇 …… 2 大勺

做 法

1. 将可可粉和赤藓糖醇混合均匀。
2. 将酸奶、可可糖粉放入打发好的奶油中，用刮刀画“Z”字形搅拌至颜色均匀。
3. 将拌好的冰激凌液倒入保鲜盒，放进冰箱冷藏，每半个小时搅拌一次，反复两次即可。

桂花红茶冻

含糖量
18.5g

蛋白质含量
0g

食 材（4人份）

白凉粉 ………… 20g
红茶水 ……… 500ml
干桂花 …………… 5g

调 料

赤藓糖醇 …… 2大勺

做 法

1 将白凉粉加入50ml水搅拌均匀，加入红茶水，拌匀后倒入小锅中。

2 在锅中加入赤藓糖醇和干桂花，开中火一边煮一边搅拌至沸腾，关火倒入模具内冷却至常温即可。

含糖量
27.0g

蛋白质含量
27.9g

姜汁撞奶

食 材（4人份）

生姜 ………………………… 50g
全脂奶 ………………… 400ml
鸡蛋清 ………… 4个(120g)

调 料

赤藓糖醇 ………………… 40g

做 法

1 将生姜去皮后切成小块，然后榨汁，过滤掉残渣，姜汁备用。

2 将姜汁与蛋清混合调匀。

3 牛奶加入赤藓糖醇放入小锅中加热至糖融化。

4 稍稍放凉，将牛奶倒入步骤2中调好的蛋清中搅拌均匀，过滤后放入小碗中，盖上保鲜膜，蒸20分钟即可享用。

百香果柠檬饮

食材（1人份）

苏打水…………1罐(330ml)
百香果…………1颗
柠檬…………1片

做法

1. 切开百香果，取出百香果果肉。
2. 将苏打水倒入玻璃杯，放入百香果肉，最后加入柠檬片即可。

含糖量 **2.2g**

蛋白质含量 **0.9g**

Note！

偶尔想喝饮料，就用无糖的苏打水加百香果来调制吧，也可放入几片薄荷叶，口感更清爽。

Note！

如果戒不掉奶茶，可以像这样自制奶茶，牛奶微甜，因此自制奶茶的含糖量很低。

自制减糖奶茶

食 材（1人份）

印度红茶…………………… 2茶匙
巴氏消毒全脂奶……… 100ml

调 料

肉桂 ………………………… 5g
豆蔻 ………………………… 5g

做 法

1 在壶中放入两勺印度红茶，或者放入2包立顿红茶，加1杯水（约100ml）煮开，转小火煮3分钟。

2 加入肉桂、豆蔻、牛奶，煮开后熄火，搅动30秒，再次开火煮开。

3 用滤网过滤茶渣即可饮用。

薄荷柠檬茶

含糖量 2.2g　蛋白质含量 0.8g

食材（2人份）

印度红茶 …… 2茶匙
柠檬 ……………… 2片
薄荷叶 …………… 15g
甜菊叶 …………… 5g

做法

1 用500ml开水冲泡红茶或茶包，浸泡1分钟，滤出茶叶或取出茶包。

2 在壶中放入甜菊叶浸泡1分钟。

3 在杯中放入薄荷叶和柠檬片，将茶水倒入杯中适当搅拌即可。

Note！

甜菊叶的甜度是蔗糖的200倍，也溶于水，但是它不会增加身体的热量以及糖分，并且还具有消除疲劳、养阴生津的功效。减糖期间想喝甜味的饮料不妨在家中备些干的甜菊叶。

Note！

酸奶很容易买到，但大部分市售酸奶会添加糖或食品甜味剂。自己制作的酸奶更安全健康，同时也更容易严格控糖。

自制希腊酸奶

食材

鲜牛奶 ………………… 1000ml
酸奶发酵菌 ………… 1 小包

做法

1. 在 1000ml 鲜奶中加入 1 小包酸奶发酵菌拌匀。
2. 将调好的牛奶放入酸奶机，12 小时后即可食用。
3. 将做好的酸奶用滤网过滤乳清蛋白，希腊酸奶就做好了（可以购置专门的过滤器，将酸奶放入，约 4 小时即可）。

蔬菜水果奶昔

含糖量
16.7g

蛋白质含量
4.2g

食材（2人份）

自制希腊酸奶（P192）………… 100g
胡萝卜 ………………………………… 50g
番茄 …………………………………… 50g
橙子 …………………………………… 50g

做法

1 将胡萝卜、番茄、橙子去皮后切块。

2 将切好的果蔬放入料理机加入自制无糖酸奶，打成奶昔即可。

Note！

将高糖的水果替换成低糖的番茄和胡萝卜，再加入橙子可以改善口感。

图书在版编目（CIP）数据

减糖家常菜 / 紫安，快读慢活编辑部编著. -- 南昌：江西科学技术出版社，2021.11(2022.9重印)
ISBN 978-7-5390-7675-1

Ⅰ. ①减… Ⅱ. ①紫… ②快… Ⅲ. ①减肥—家常菜肴—菜谱 Ⅳ. ①TS972.161

中国版本图书馆CIP数据核字(2021)第182671号

国际互联网（Internet）地址：http://www.jxkjcbs.com
选题序号：ZK2021095　图书代码：B21170-102
责任编辑 魏栋伟
项目创意/设计制作 快读慢活
特约编辑 周晓晗 王瑶
纠错热线 010-84766347

减糖家常菜

紫安、快读慢活编辑部 编著

出版发行 江西科学技术出版社
社　址 南昌市蓼洲街2号附1号 邮编 330009
电话:(0791) 86623491 86639342(传真)
印　刷 天津联城印刷有限公司
经　销 各地新华书店
开　本 710mm × 1000mm 1/16
印　张 13
字　数 120千字
印　数 8001-11000册
版　次 2021年11月第1版 2022年9月第2次印刷
书　号 ISBN 978-7-5390-7675-1
定　价 58.00元

快读·慢活®

《减糖生活》

正确减糖，变瘦！变健康！变年轻！

大多数人提起减糖，要么就是不吃主食，要么就是只看到“减”字，结果虽然控制了糖类的摄入，但是把本该增加的肉类、鱼类、蛋类等蛋白质也减少了。

本书由日本限糖医疗推进协会合作医师水野雅登主编，介绍了肉类、海鲜类、蔬菜类、蛋类、乳制品等九大类食材在减糖饮食期间的挑选要点，以及上百种食品的糖含量及蛋白质含量一览表。书中还总结了5大饮食方式，118个减糖食谱，帮你重新审视日常饮食，学习正确、可坚持的减糖饮食法，帮助你全面、科学、可坚持地减糖，让你变瘦、变健康、变年轻！

减糖原本的目的并不是为了减肥，而是一种保持健康的饮食方式。愿本书能够陪伴大家正确认识减糖，轻松实践可坚持的减糖生活，通过减糖获得健康的体魄，还能在美容、精神方面收获意外的效果。

快读·慢活®

从出生到少女，到女人，再到成为妈妈，养育下一代，女性在每一个重要时期都需要知识、勇气与独立思考的能力。

“快读·慢活®”致力于陪伴女性终身成长，帮助新一代中国女性成长为更好的自己。从生活到职场，从美容护肤、运动健康到育儿、家庭教育、婚姻等各个维度，为中国女性提供全方位的知识支持，让生活更有趣，让育儿更轻松，让家庭生活更美好。